情緒 咖啡 手機

的 化學效應

Komisch, alles chemisch!

Handys, Kaffee, Emotionen – wie man
mit Chemie wirklich alles erklären kann

一日24小時的化學常識

Mai Thi Nguyen-Kim　阮津玫 ── 著　　　　　　　譯 ── 呂以榮

推薦序
化學網紅的一天

陳竹亭教授

　　前陣子台灣曾經難得有一位科學網紅極速崛起，以其理工學位的背景縱談生活上的點點滴滴，都能提供事物背後的科學道理，理性分析科學的視角與意見。她從網路自媒體一路殺到主流媒體，紅透了半邊天，甚至掙得了國際媒體的注意。後來各方名流搶著和她「分紅」演出，很快的談話內容就無法聚焦在科學問題上了。

　　要在廣泛的生活問題上建立具有深刻科學內涵的科普事業，絕對不是一件垂手可得的事！

　　學校裡面為了讓非理工科生接觸一些理工背景的知識或是科學素養，就產生了一堆「XX與生活」或是「生活中的XX」為名的通識課程，XX通常是各種理工科目。這種堆砌出來的混合課程常常未必能叫好又叫座。如果教師不能精緻地設計課程內容，只是多塞入一些生硬的科學理論，就不過是一堆生活中的物事夾雜了一些仍然不知所云的理工名詞。現實的課堂上就可以算算，有幾多學生的眼球和大腦還可以跟著老師跑。結果就造成了學生未必有吸收到理工知識，實質課程也沒能有什麼革心啟蒙、又有價值的科學精神或啟發。

　　國內近十年的科學傳播事業也正當紅，但是有市場又有內容的產品還是十分稀少。既是好的科普，就要做傳播，當然是希望人氣越旺越好。如果顧到了受眾的胃口，還要能兼顧其調性和品味的價值，更要有能深化科學教育的功效，那就不是家家都能做好做滿，閱聽大眾還能吃到飽。要達到這樣的成果，理想條件之一就是具有網紅魅力和本事的優質科學家跳出來，親力親為的來做科普、科傳事業。

　　本書的作者阮津玫（Dr. Mai Thi Nguyen-Kim）倒真是一位頂著哈佛大學博士學位的專業化學家。科學可說是她的家傳行當，從父親、自己到弟弟，甚至丈夫、閨蜜，可謂一門忠烈，都是化學家。同時她也是一位化學網紅，除了做為 YouTuber，常常演示精彩的化學實驗和生活化學，她也是德國的科學記者。胸中流著火熱的科學熱情，一心要以科學專業來承擔科學傳播事業，為普羅大眾擔任科學轉譯者的角色。這的確具備了極佳的科學傳播條件。

　　本書名為《手機、咖啡、情緒的化學效應──一日 24 小時的化學常識》，作者真的是從一天生活中將所接觸遭遇各種物事背後的科學理論以趣味的口吻細細道來。其中涵蓋了不少的健康常識，譬如在第一章早晨從睡眠中驚醒，談有關的褪黑激素和皮質醇以及睡眠週期，就是 2017 年諾貝爾生理與醫學獎有關生理週期的內容。[1] 接下去談咖啡和牙膏、盥洗、早餐。關於咖啡很

1. https://case.ntu.edu.tw/blog/?p=29657

難得的是介紹粒子動力學和熱力學，這是物理化學的核心課題。本書前後呼應，用最能啟發想像的方式來討論熱力學，十分難得。

關於牙齒與早餐談的則是氟化學。氟是有毒性的物質，卻能應用在每天必用的護齒和料理行為中！作者不僅介紹氟元素的一些化學性質而已，她其實是把氟原子的原子核和電子在氟原子中的組態構造、甚至化學鍵的性質——又是一個物理化學的核心課題，做了深入簡出的說明，讓讀者明白氟元素為什麼會有其特殊的角色和性質。盥洗部分則是理所當然的談到了界面活性劑、合成化學。這根本就是一本趣味化、生活化、故事化的普通化學教科書！

此外，作者還用了相當的篇幅分析、解說偽科學的錯誤，或是媒體傳播和專家論文的差異。科學專業論文會提出許多的證據，逐項不厭其煩的推論說理，唯恐說服力不夠，嚐到審查者的閉門羹；然而媒體文章卻尚簡潔、驚悚，語不驚人死不休，才能令閱聽者印象深刻。對坊間雜誌喜歡報導的統計數字文章當作科學發現，也有清晰的解說何以不適切的理由。這真是一位有良心的科學記者呀！她把自己做網紅拍攝影片的板眼、訣竅都透露得一明二白。這些都是屬於科學方法、科學素養、科學價值的範疇，可能許多學校，即使是專業訓練都放棄不教的內容。作者不僅不擔心會拖累書的趣味，反而是語重心長地加重其分量，這才是最能兼具科學教育熱忱和忠於專業誠實的科普傳播典範。也是我們的 108 課綱最適合教師導讀的基礎科學探究與實作範本。

　　本書還有一個特點就是跨領域的表現。因為一天的生活有太多的事物不只是牽連作者本科的化學，更重要的是關乎健康。許多與生醫、醫學連結之處，作者也能娓娓道來，提供了許多長知識或增見識的機會。書的後段花了不少時間來談手機。智慧手機是第四次工業革命中的代表性產品之一，[2] 其中有諸多的科技與人文交接的內涵。就是以科技本身而言，手機也是一個十分多元的產品：除了製造手機本行的電機與資工，還有物理、化學、材料、生命科學、地理資訊、設計……更不必說其軟體承載的範圍，完全具備現代生活精靈的角色，是極佳的跨領域素材。

　　然後，跨領域的議題來到了生活中不可能逃避的「水」與「情緒」。水是生命不可或缺的物質，也是科學家眼中最奇特的物質。情緒是生命不能乘載之重，感情不能捨免之靈魂，舉凡喜、怒、哀、樂，美醜、愛情……在在訴諸情緒，是跨域中之跨域，是其他的化學科普書難得遇到的題材。最後，到了一日之末的晚餐，作者選擇以科學家的理性剖析酒酣耳熱的化學，在杯酒言歡之際高舉科學精神，鼓勵學子把化學當成興趣，不亦快哉！

　　作者憑著科學熱忱與學富五車的才識，可說是科學家網紅中的佼佼者。本書恰是其誠於中而形於外的故事。

（本文作者為台大化學系名譽教授）

2. https://zh.wikipedia.org/wiki/ 第四次工業革命。

推薦序
化學哪有那麼可愛？這本書：就是有！我證明給你看！

鄭國威

有燈光就睡不熟？喝咖啡要挑時間？冬天一開窗冷空氣吹進來？不含氟牙膏更天然？巧克力只溶你口之謎？喝酒臉紅是優勢？作者不愧為悠遊於科學與社群傳播的高手，整本書信手捻來，案例愜意趣致，深度拿捏恰到好處，貼近生活時而翻案打臉，時而自嘲吐槽，整本書讓我這化學外行人一口氣讀完，竟然毫無疙瘩，更覺知識深刻腦海，科學思維迴盪心頭，彷彿自己也開了一隻化學眼。

學化學這門學問並不容易，本書作者阮津玫博士雖然身為化學領域的科學傳播跟推廣者，透過影片跟著作吸引許多年輕人主修化學，也還是在本書裡坦承，自己研究化學的那九年生涯非常辛苦，絕對不想再來一次。不過正如化學界需要像她父親、先生、閨蜜好友等人將高超的智慧奉獻於艱難研究，勤奮不懈。化學界也需要阮博士這樣能說善道又有扎實學術基礎的人，幫化學人以及化學本身說說話。

學化學難也就算了，「化學」在社會上更莫名其妙被污名化，成了「天然」、「純淨」、「無毒」的對立詞，不但惡名昭彰，標籤難以撕除更到了耐人尋味的地步。但這不代表化學不「可

愛」，跟所有其他乍看之下覺得複雜奧妙、脫離日常的科學知識一樣，化學可以非常生活，如作者在本書中示範的，在尋常的一日裡，以化學之眼，靜觀萬物，暢快自得。我特別欣賞作者在這本書中採用的「一日化學」寫作法，從平凡無奇的早晨起床到平凡無奇的晚間聚餐，卻因無所不在的化學而豐富多端，這樣的寫法新穎、適切，充滿畫面感跟故事性。

尤其在台灣，食安、公共衛生、營養等議題備受關注，在部分傳媒、民代跟社群極化下，人們有時過度反應，有時不求甚解，共同點是都忽視了基本的科學（其中大部分都是化學）。以本書中也提到的水為例，有廠商賣鹼性水聲稱可以調養身體平衡，也有廠商賣小分子水聲稱可以強身減肥，更有廠商賣含氫水或高氧水，說可以讓人有活力、不會累。最近甚至還有廠商狂飲消毒用的次氯酸水，彷彿防疫清潔效果還能直入人體。這些「聲稱」都建構在我們對化學的無理排斥與無知盲信，兩種信念同時存在，實在很矛盾。

然而人們之所以有諸般的誤解，不就是在告訴像我這樣的科學傳播者：我們做得不夠好、無法打動人心嗎？氫鍵、熱力學、八隅體原則、活性劑……種種名詞跟學理經過高度壓縮，便於研究者溝通，本不是為一般人設計。但既然生活離不開化學，將化學知識生活化就是每一個愛化學者的義務。

這是今年我讀到最好的科普書之一，對非專業讀者極為友善，在此推薦給你。我期待作者接著寫第二本、第三本，也期待接著繼續讀。

（本文作者為泛科學總編輯）

獻給媽咪

平常我雖然很少動用「最高級」，但憑良心說，我爸媽是天底下「最最最慈愛的父母」。當年他們志趣相投並肩作戰，在異鄉建立新家庭，他們這組堅強的團隊帶給我與弟弟很好的生活，庇蔭我們至今。

我常提起老爸，他不但是很棒的丈夫及父親，也是厲害的化學家。由於他的啟迪，弟弟和我都主修化學。但是，我想把這本書獻給媽咪！她決定留在家裡照顧我們姊弟倆，不但每天寵愛及鼓勵我們，更帶給我們很多挑戰。媽媽對我的影響至為深刻。她成就了今天的我。如果沒有她，就沒有這本書。如果你們喜歡這本書，就向我媽媽說聲謝謝吧！

目錄

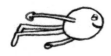

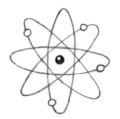

前言

　　剛出生時，我是個超醜的小不點，還有黃疸，完全不想吃喝。爸媽超級擔心，花盡心思盡可能地餵我吃東西。後來我病好了，他們還是一直餵一直餵，於是把我弄成米其林寶寶，搭配著超詭異的髮型。不過，爸媽當然還是覺得我是世界上「最漂亮的小寶寶」。

　　對身為化學家的我而言，我眼中的化學就像是媽媽眼中的寶寶，只有媽媽才會看見自家醜娃兒的美好。大多數人認為，化學就是毒，就是邪惡，就是人工合成。學生或許會認為，化學這個科目真讓人討厭，越早脫離苦海越好。該如何向這些人解釋我家寶貝的好處呢？這還真是一門大學問。

　　有些人完全不瞭解化學，很無助地瞪大眼睛問：「化學在做什麼啊？」我很想大力搖醒他們，並讓他們知道：「化學就是我

們生活的全部啊！囊括無遺！」例如，小時候我認為化學就是美食。我的化學家老爸就是料理高手。他告訴我，所有的化學家都擅長烹飪。爛廚子絕對不是厲害的化學家。十三歲的時候，我開始喜歡化妝。老爸告訴我，彩妝品色素長什麼樣子、為什麼髮型噴霧劑能夠打造豐盈的空氣感、酸鹼性洗臉乳又是如何一回事等等。對我個人而言，化學一直是我生命裡的重要元素，構成了部分的日常生活。

唸了化學系之後，不論是在喝咖啡、刷牙或運動的時候，我都會聯想起腺苷受體、氟化物以及新陳代謝酵素。白天散步時，我會想起褪黑激素和維生素 D。煮麵時，則分析著澱粉聚合物並考慮如何提高液體沸點。順帶一提，我的廚藝出眾，堪稱成功的化學家。

一般人不僅對化學這個科目存在著刻板印象，也常給化學家貼上標籤。別人常對我說：「你看起來不像是化學家耶！」一般社會大眾的心裡總是充滿著刻板印象，例如他們認為書呆子等於擁有專業知識、缺乏社交能力的怪咖。身為科學家的我們，必須面對許多負面的刻板印象。科學家真的只活在實驗室和書架之間嗎？他們是充滿謎團的生物嗎？社會大眾完全搞不清楚科學家的樣貌，也不瞭解他們的興趣或情緒。科學家也是人嗎？唉唷，這一點好像誰也不敢確定！

唸博士班的時候，我開設了一個名為「科學家祕密生活」的YouTube 頻道，以便一探科學家根底，並且希望透過影片來形塑科學樣貌。我不僅想幫助人們弄懂科學的酷，更希望我的影片能

夠呈現科學家很酷的一面。這項任務就像是非常龐大的研究案，目前我仍在努力中。除了經營 YouTube 頻道之外，我也主持電視談話節目與廣播節目。

　　大家或許會問我，為什麼想寫這本書呢？答案是因為我想發揮長才，邀請大家進入我的化學世界，順便幫助大家一窺科學記者以及 YouTuber 的生活日常。我特別盼望透過這本書協助大家更進一步認識化學議題，並且駐足欣賞化學令人傾倒之美。我堅定地相信讀者們擁有旺盛的好奇心，相信大家在閱讀本書之後會發現：原來化學在你我的生活當中無所不在。或許，屆時大家甚至會認定化學的確是一門很棒的科學呢！

1
化學上癮症

「鈴！鈴！鈴！」鬧鐘大響！

我差點嚇得滾下床，心臟快從胸口跳出來。

正想破口大罵，但我的聲帶卻還沒睡醒。身體尚處於莫名的半睡半醒之際。好不容易翻身摸到老公的手機，關掉了恐怖的鈴聲。該死，這才剛剛早上六點鐘。

我的老公馬修有個特別糟糕的習慣，他每週早起晨跑兩次。這表示，我必須比他更早起床，免得一早就被他的鬧鐘轟炸，省得自己一早醒來就得和「壓力荷爾蒙」周旋。

我自己鬧鐘的起床鈴聲通常都設得既溫柔又小聲。否則，一早就覺得心臟蹦蹦跳。相反的，一百分貝以下的鈴聲根本沒辦法吵醒馬修。他就是需要「鈴！鈴！鈴！」警鈴聲來叫他起床。原則上，在他去晨跑的早上，我會設定自己的鬧鐘先響，以便預先

做好心理準備。只是，今天我根本不知道他要去晨跑。

　　拉開窗簾，讓光透進來。我企圖透過光線來降低馬修體內的褪黑激素濃度。

　　好不容易，我的聲帶終於也清醒了。我叫著馬修的名字。

　　他還在睡，只低沉地回答「嗯」。

　　天呀！真是不可思議。

充滿壓力分子的早晨

　　位於大腦中心點的松果體負責分泌**褪黑激素**（Melatonin）。褪黑激素之所以被稱為「睡眠荷爾蒙」並非浪得虛名，乃是因為它主導著人體的睡眠與清醒節律。人體內的褪黑激素濃度越高，就會覺得越疲倦，疲倦到想上床睡覺。既有趣又實用的一點則是：光線能夠降低人體內的褪黑激素濃度。剛剛拉開窗簾之後，照進來的光線開始慢慢溫柔地喚醒馬修。

　　我傾向於「用分子去拆解世界」。或許別人會認為這是「化學上癮症」。我個人則堅信，如果在日常生活中錯過去發掘化學分子奧祕的機會，是非常大的遺憾。因為，有趣的萬事萬物皆可透過化學找到解答。親愛的讀者，你知道自己的身體也是由一大堆分子組成嗎？而且，這堆分子正在閱讀與分子有關的訊息。同樣的，化學家也是一大堆分子，他們在思考與探索分子的奧妙。哇！這簡直是哲學議題！

　　用分子來拆解早晨，又是怎麼一回事呢？

　　早上起床的這件事，掌握在兩大類分子的手中。第一種是褪黑激素。清醒起床之前，體內的褪黑激素濃度必須下降。第二種則是**皮質醇**（Cortisol）。人體在清晨會自動分泌皮質醇，它又被稱為「壓力荷爾蒙」。這雖然聽起來頗有壓力感，但是恰當濃度的皮質醇有助於晨起。

　　透過這兩項優質附加服務的加持，我們通常不需要設鬧鐘，就可以自行醒過來並起床。馬修的警鈴鬧鐘聲實在太大聲、太可怕了，不僅吵醒了我，更觸發了我的「打或跑反應」（Fight or Flight Response）。這是遠古人類面對生命危險時的反應機制，一路演化留傳了下來，是相當巧妙好用的反應模式。

　　對於身體會出現壓力反應與疼痛反應的這件事，我們必須心存感恩。因為疼痛告訴我們，身體哪個地方不對勁；壓力反應則幫助我們保住小命。請想像，你在石器時代裡遇到劍齒虎（為了加強戲劇效果，也可以想像成遇到老虎），你會有什麼反應呢？是閃電般舉起長矛向前砍（戰鬥反應）？還是儘快轉身腳底抹油

就跑呢（逃跑反應）？這些反應的出現都是因為身體在那個當下迅速地釋放出大量的壓力荷爾蒙。

　　石器時代的劍齒虎會不會吃人，迄今未有定論。但當時的人類已具備獵殺動物的技能。照理說，劍齒虎也和人類一樣會出現「打或跑反應」。動物發展出這項本能反應的時間點應該比人類歷史還要久遠。許多現存動物仍然保有警戒行為。警戒系統如何運作呢？當然是透過分子。

　　一般情況下，人體內的這些分子只是消極地存在著，一直到某些外在刺激（例如遇到劍齒虎，或是恐怖的鬧鐘鈴聲）的訊號出現，它們才拿到召集令積極行動。外在刺激訊號引發大腦產生神經衝動，透過脊椎命令腎上腺開始分泌。松果體和腎上腺是人體最重要的荷爾蒙製造工廠。大腦命令腎上腺分泌壓力荷爾蒙，也就是大家熟悉的腎上腺素。大量的腎上腺素迅速進入血液中，然後輸送至各個器官。荷爾蒙是人體內的信息物質，也就是說，荷爾蒙是傳遞重要信息的化學分子。在我和鬧鐘鈴聲的例子裡面，我體內的荷爾蒙傳遞出的信息是：怕！

Adrenaline 腎上腺素

　　腎上腺素彷彿急驚風，它進入血液的過程只能用「來得急，去得也快」來形容。人體為了與壓力抗衡，腦下垂體會分泌一種名為**促腎上腺皮質素**的荷爾蒙（Adrenocorticotropic Hormone，簡稱 ACTH），進入血液循環系統以及腎上腺。這才是掌控「打或跑反應」的大本營。

　　促腎上腺皮質素會引發一連串的化學反應，我常把它們想像成電影裡一幕又一幕的打鬥場景。壓力出現時，腎上腺素首先傳遞警訊，然後才輪到促腎上腺皮質素上場。促腎上腺皮質素彷彿化身為歷史劇裡的大將軍，登高一呼，指揮大軍展開攻勢。人體接著分泌皮質醇，亦即釋放第二種壓力荷爾蒙並將之輸送至各器官。

　　荷爾蒙會引發許多生理反應。例如在「打或跑反應」當中，荷爾蒙會造成心跳加速、肌肉層血液循環加速（指令：快逃啊！）、消化系統血液循環減緩（指令：別吃了，趕快放下一切！你必須去做更重要的事！）、呼吸變深、瞳孔放大、流汗、起雞皮疙瘩以及集中注意力。

　　重新回到今天早上的場景。超級鬧鐘鈴聲引發我的身體大量分泌壓力荷爾蒙，還連帶造成一連串的生理反應。我立刻醒了過來，但面對「生死一線間」的感覺真的很差。體內這些化學反應是為了讓我保住小命。我確實也不應該責怪這些壓力荷爾蒙分子，因為它們並不知道馬修的鬧鐘並不會對我造成生命威脅。它們只是單純地想幫忙而已。

　　同理可證，現代人的生活充滿著來自學校、職場、家庭或是

人際關係的壓力源；這些壓力情境並不真正危及生命，至少不具立即的危險，但長期累積的壓力卻有害健康。幸好，為了不讓壓力荷爾蒙分子瘋狂地無限上綱，人體的壓力應變系統還設計了一個「負向」反饋機制，避免心跳加速等壓力生理反應越演越烈，導致當事人越來越害怕。身為壓力荷爾蒙之一的皮質醇擅長「自我約束」。剛剛提過，腎上腺素濃度會在緊急狀況時迅速上升，之後又立即消失。和腎上腺素相比，皮質醇的作用時間較長，它的功能在於抑制人體繼續分泌促腎上腺皮質素，同時皮質醇本身也會抑制皮質醇的繼續分泌。

眼罩與荷爾蒙

今天早上的壓力如山。糟糕透了。讓我們來看看，如何才算得上是完美的「晨間化學曲」？最理想的過程是這樣：睡夢之際，第一道拂曉晨光射入眼簾，落在視網膜上。視網膜連接著視覺神經，將感受到的光線刺激傳至大腦。收到訊息的大腦於是知道「長夜將盡」，命令松果體開始減少分泌褪黑激素。當血液中褪黑激素濃度逐漸下降的同時，另一方面身體會開始分泌皮質醇。我們就慢慢地從睡眠中醒來。

馬修認為，只要有光線，他就無法入睡，所以總是戴著眼罩睡覺。但眼罩會隔離拂曉與清晨的光線，導致他體內的褪黑激素在早晨分解的速度較為緩慢，因此他比較不容易自己醒過來。現代人不僅使用大量的人工照明，也經常利用眼罩及厚重窗簾等物

件來刻意營造昏暗的睡眠環境。這些做法會影響人體內在的生物時鐘，搞亂自然的內在晝夜節律。我認為：只要馬修不戴眼罩，早晨就不需要嚇人的鬧鈴聲。馬修卻認為：他的褪黑激素分泌系統過於敏感；如果不戴眼罩阻絕光線，會降低他體內的褪黑激素分泌量，就無法好好入眠。

很明顯的，支持這些論點的前提在於：我們假設褪黑激素等於睡眠荷爾蒙。但如果褪黑激素與睡眠之間根本毫無關聯呢？科學家發現某些夜行動物體內的褪黑激素濃度在晚上也會上升。但牠們主要的活動時間在晚上，如此一來，褪黑激素在夜行動物身上不就變成了「清醒荷爾蒙」？另一些生物學研究刻意讓實驗鼠負責分泌褪黑激素的基因產生突變，導致其褪黑激素分泌失靈。但基因突變鼠到了晚上仍然正常地呼呼大睡。哎喲！這究竟是怎麼一回事呢？褪黑激素真的和疲倦感有關嗎？這個謎團迄今尚未解開。不過，倒是有許多研究已經證實：褪黑激素能夠有效治療失眠。睡眠科學家目前仍在努力釐清睡眠行為與褪黑激素之間的真正關聯。如此看來，在科學找到解答之前，我先生和我之間的眼罩辯論勢必沒完沒了。

請容我在此開宗明義地告訴大家：如果想要瞭解科學的真諦，請勿習慣接受簡化的答案。這聽起來雖然有點吃力，但運用科學去探索世界，不僅不枯燥，反而會讓你我的世界顯得更加多姿多彩與奇妙。假設我們暫時將褪黑激素設定為「夜間荷爾蒙」，而不是「睡眠荷爾蒙」，那麼就表示：眼睛看見天色漸黑之後，體內褪黑激素濃度才會升高。

針對我家的「眼罩之爭」，當然可以採用實驗法予以驗證，例如在臥室裡進行長期的燈光與睡眠實驗。但這項研究只有我和馬修兩個人擔任實驗參與者，樣本數目過小，實驗結果將無法進行統計分析。因此放棄做實驗，只能耍耍嘴皮討論討論。

粒子們的搖滾趴

我到廚房去泡了杯咖啡。理想情況下，我們應該在起床一小時之後才享受美味的咖啡。為什麼呢？因為剛剛起床的時候，體內的皮質醇濃度高，讓人清醒。而咖啡因也有利於促進身體分泌皮質醇。你可能會想：「原來如此，那麼起床後立刻喝咖啡，不就可以讓體內的皮質醇濃度升高對倍！這樣不是很完美嗎？」唉，可惜（或說，幸好）人體的生理作用喜歡維持不偏不倚的平衡。一旦大腦習慣你每天都會喝咖啡，它就自動減少早晨的皮質醇分泌量。所以，起床後最好等一個小時，等到體內皮質醇濃度逐漸自然下降的時候，再來享受咖啡，如此方可繼續維持清醒。

但是，今天早晨的鬧鈴悲劇彷彿已經在一分鐘內將我所有的皮質醇配額消耗殆盡了。我覺得好累，迫切想要喝杯咖啡提提神。

親愛的讀者！你也可以泡壺茶或弄杯咖啡，然後再繼續閱讀接下來的章節。想從「分子視角」看世界嗎？最好的範例就是一杯熱騰騰的飲品。剛泡好的熱咖啡，冒著煙，放在桌子上。一兩

分鐘過後，杯子下方的桌面開始變得溫熱。再過一小陣子，咖啡就涼了。請問大家：你懷疑過「熱」究竟到哪裡去了嗎？

這關乎所謂的**粒子模型**（Teilchenmodell, particle model），是我喜歡的議題之一。雖然聽起來不怎麼樣，但保證內容絕對精采。粒子模型指出：**宇宙中的所有物質皆由粒子組成**。粒子包括原子、分子、離子等等。實際上，我們並不需要知道粒子精確的樣貌，但仍可以透過粒子來奇妙地描述我們的世界，例如描述我拿在手上的這杯咖啡。

喝咖啡、茶或其他熱飲的時候，我們真正喝進肚子裡的是咖啡粒子、茶粒子或其他粒子。請大家發揮想像力，將粒子想像成無法用肉眼看見的小球。咖啡飲品的主要組成包括：水分子、一點點咖啡，或許再加上一些些香料粒子。這些粒子一直持續地移動。雖然我們肉眼看不見粒子，卻可以看見它們的移動。

怎麼看它們移動呢？很簡單，請大家先倒杯白開水，再滴入一滴咖啡（事實上，滴入墨水做實驗會更優，但你們不是正在喝咖啡嗎？就順手取材吧！）。請將杯子靜置於桌上，縱使不經過攪拌，咖啡也會於幾分鐘後分布在水裡面。大家認為這個實驗結果太呆、太平凡了嗎？但你知道在這段時間內，杯子裡究竟發生了什麼事嗎？哈哈！杯子裡的粒子們正在熱熱鬧鬧地開著「搖滾趴」。我想邀請大家一起來參加這場派對，因為這就是化學這門科學的開端。

在家實驗 No. 1

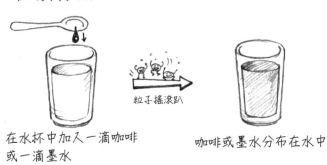

粒子搖滾趴

在水杯中加入一滴咖啡
或一滴墨水

咖啡或墨水分布在水中

　　順帶一提：水杯、咖啡、桌子、桌子下的地板、空氣，甚至
你我的基本組成都是粒子。而且所有的粒子都在持續地移動或振
動！實際上，粒子們一刻都不停歇。在此當下，所有的一切，
包括我們的咖啡以及每個人的身體裡面都在進行著「粒子搖滾
趴」。只不過肉眼看不見罷了。

　　你可能會質疑，既然都看不到，為什麼還必須去想像世界是
由粒子組成呢？因為透過粒子模型可以解釋世界上的許多現象，
例如解釋物質為什麼會出現**固態**、**液態**和**氣態**等不同型態的**物質
狀態**（Aggregatzustand, State of matter）。「物質三態」的差別就在
於粒子不同的移動型態。

在咖啡冷掉之前

　　以咖啡杯為例，它屬於固態物質狀態，咖啡杯裡面的粒子單

單只可以振動而已。固體的分子不僅排列規律,而且分子鍵結也相當地緊密。大家可以這樣想像:你去聽演唱會,人超多,前胸貼後背,完全無法移動;但你至少可以踮腳跳起來看看舞台。這時候的你,彷彿就是固態物質裡的粒子。這是從物理學的觀點來解釋粒子之間的「物理鍵結」。有關「化學鍵結」,之後再詳談。

　　與固態粒子相比,液態粒子的移動範圍較大。液態粒子之間的吸引力大,會彼此影響。就像在演唱會裡,粉絲們到處亂跳,你也想靠近舞台。至於氣態粒子則是狂野之最,完全不顧其他粒子,因此需要更大的演唱會場地,以便讓全部的氣態粒子自由奔跑與狂舞。氣態粒子彼此之間不會發生衝撞。

　　物質狀態可能發生變化嗎?這是可能的,例如改變溫度條件之後,可促進「物態變化」形成。最棒的例子就是水。冰是固態的水;加熱之後,變成液態的水。繼續加熱,就變成氣態的水蒸氣。浴室裡的水蒸氣碰到鏡面之後,又會變成水。把液態的水放進冷凍櫃,它又變成固態的冰。

　　大家有沒有想到,我為什麼會舉這個例子嗎?答對了!答案就是:**溫度就是粒子的移動。溫度越高,粒子移動越快。反之,粒子移動越慢。**這是分子學視角的溫度定義,完全勝過溫度計上的簡單數字。酷吧?

　　再看一眼冒煙的咖啡杯。大家是否發現了更多內涵呢?熱騰騰的咖啡表示:水分子正在迅速移動中,而且彼此衝撞。冒出來的煙,代表一群充滿移動動能的水分子,它們加速「衝衝衝」而且需要更廣闊的空間,於是變成了氣態的水蒸氣分子。

　　至於放咖啡杯的桌面，為什麼又會變得熱熱的呢？原因在於所謂的**熱傳導**。熱傳導指的是：粒子衝撞之後所傳遞的振動能，導致熱能從高溫處轉移向低溫處。咖啡粒子在杯子裡橫衝直撞，不斷地衝撞杯身，導致杯子裡的固態粒子開始較為大幅地振動。然後，杯子裡的粒子開始將振動傳給桌面粒子。加上熱傳導的方向是將熱能從高溫處轉移至低溫處，因此放杯子的桌面逐漸變得溫熱。

　　大家現在瞭解咖啡變冷的原因了吧？當咖啡飲品的溫度逐漸下降時，熱傳導的動能逐漸下降。粒子開始減速，然後慢慢結束整個熱傳導過程，也就表示粒子慢慢恢復到室溫時之移動或振動速度。

　　宇宙裡的所有粒子都遵守著**熱力學第一定律**。這等於是「能量不滅定律」。亦即：能量不會被創造或被毀滅；能量不增不減，只是轉換型態。也就是說，總量維持恆定。粒子得到能量之後，就會在其他地方失去相等的能量。粒子彼此衝撞時，將一部分的振動能傳遞給對方，以致於對方移動速度變快，它自己則變慢。若非如此，就表示過程裡無中生有地形成了一些能量，但這絕對不可能發生。另一方面，熱力學定律否認能量會被毀滅的可能性。因此，有些化學家及物理學家很討厭聽見「浪費能量」這個日常用語。（大家如果不相信我，不妨請教其他熟識的化學家或物理學家）。

熱的流動

關於粒子模型，還可以介紹一項有趣的實驗，或許是最有趣的實驗也說不定。請大家摸摸座位附近的東西。它們的溫度一樣嗎？密閉空間裡物品的溫度應該一致，亦即應當呈現**室溫**。但為什麼和木頭桌子比較起來，金屬湯匙摸起來就顯得冰冰的呢？

啊！我們雖然也在房間裡面，但我們是恆溫動物，擁有特定的人體體溫，而非室溫。事實上，當你摸到金屬湯匙或木桌的溫度，是你自己溫暖的體溫！當你用手碰觸物件的時候，如果你手中的熱能很迅速地傳導了出去，那麼你會覺得那件物品冷冰冰的。相反的，熱能傳導的時間如果長一點，你則感覺那件物品是暖和的。

當我用手拿金屬湯匙的時候，手上的粒子接觸到湯匙的粒子，導致它們開始振動。湯匙的金屬原子振動越快，湯匙就會越快變得溫熱。金屬導熱能力佳，是很好的**熱導體**。金屬湯匙接觸了我手上的粒子之後，很快地將熱能傳導出去。金屬的導熱特性來自於其中的化學鍵結。詳細的化學鍵結內容請見本書第八章。請先想像金屬內部的連結就像是兒童遊樂場裡的攀爬網，小明和小華正在這裡玩。小明一爬上去，馬上整個攀爬網就動了起來。攀爬網另一端的小華會直接感受到這股搖動的力量。基於能量不滅定律，小明攀爬網子的時候一部分的能量會被網子抵銷，一部分的振動能量則透過網子傳給了小華，於是小明自己的速度會變慢，動作幅度也會變小。從熱力學的角度來看：粒子移動變慢而

且持有的能量越來越少，這表示溫度變低。

不過，有些攀爬架是由鋼管焊接而成。那麼不管小明再怎麼用力跳動，也不會對小華造成太大的影響。小明動作的能量不會被傳出去，也不會被抵銷。鋼管攀爬架就像木頭桌子一樣，不是很好的熱導體。當手碰到桌子時，僅會造成接觸面的木頭粒子開始微幅振動，而且不會迅速地向外傳導。所以，我們覺得金屬湯匙的溫度比較低。

溫度越高，粒子的運動越活潑。這句話是**熱力學第二定律**的基礎。這項定律指出：在自然界當中，熱的流動一定是由高溫處流向低溫處。不會反向。

例如把一罐可樂置於冰桶內，並不是冰塊的低溫流動到可樂罐子裡，而是可樂的熱能流動到冰塊裡。結果冰塊逐漸融化，而可樂的溫度逐漸下降。

下次如果有人說：「快點關上窗子，冷空氣都跑進來了！」請務必糾正這句不符合熱力學的說法，告訴他：「溫暖的熱空氣會跑出去啦！」還有如果「浪費能量」這四個字一直把你惹毛，那麼歡迎你加入我們的書呆子學者團，因為你已經參透了**物理化學**導論。恭喜你囉！

節律寫在基因密碼裡

再回到我家廚房。馬修走進來，抱歉地摸摸我的頭。

「對不起，我忘了事先告訴你，我今天想去晨跑。」

我回答他說：「好了啦，我也必須適應這種睡眠節律。」

我雖然熟悉「社交時差」（Social Jetlag）理論的內容，但還是喜歡在週末假日裡睡睡懶覺。週末制度的確很棒，不過這是現代工業化社會的產物，我們體內的日夜節律機制並無法區分週間與週末，而是或多或少仰賴陽光來調節體內的褪黑激素濃度。我的生活作息完全亂了套，一到週末就熬夜，太陽露臉時才疲倦地上床呼呼大睡；再加上喝咖啡、開燈以及老公的鬧鐘催命鈴聲，這些作息模式一直傳遞錯誤的訊息給我的身體，導致我的日夜節律變得越來越混亂。研究指出：到大自然裡露營一週，遠離手機、咖啡以及人工照明燈光，就可以調整個人日夜節律變成與自然同步。唉！我就是不愛露營！

不過，生物時鐘不一定需要光線幫忙。奇怪吧？人類生物時鐘演化乃是順應地球自轉一天二十四小時的自然現象，因此發展出一天大約二十四小時的節律。陽光有助於校定生物時鐘，讓我們的生活節律和白晝同步，並幫助我們調整時差。

二〇一七年的諾貝爾醫學獎得主解開了生物時鐘之謎。這三位美國科學家利用果蠅做實驗，分成「紐約」及「舊金山」兩組。科學家分別以人工燈光模擬這兩座城市的日照節律。有時候，他們會將果蠅放入玻璃瓶（模擬飛機），然後移至另一個果蠅箱子裡。藉以觀察果蠅如何因應三小時的時差。

這三位科學家發現了兩條調控生理時鐘機轉的基因。基因當然跟化學很有關囉。基因上的 DNA 不僅本身是分子，更與許多重要分子的生成作用有關。基因上帶有重要的遺傳訊息，當然也

包括了調控生物時鐘的訊息。基因密碼被解讀及轉譯之後，會製造出**蛋白質**。換句話說，基因負責規劃，蛋白質負責執行計畫。（蛋白質是很小的分子，本書將另外分述。）

這兩條「生物時鐘基因」生成兩種「生物時鐘蛋白質」。當我們開始一天作息生活的時候，細胞質裡面開始合成這兩種蛋白質，濃度逐漸增加。然後這兩種蛋白質合併成為一種蛋白複合體；當這種蛋白複合體濃度逐漸增加的時候，就會進入細胞核內，然後把基因上的轉錄因子踢掉，如此一來基因密碼的訊息就不能被讀取，於是，這兩種生物時鐘蛋白質的生成作用便受到了抑制。這有點像皮質醇生成過程中的負反饋機制。當兩種蛋白質在細胞質內的濃度降至某一個低點的時候，基因密碼的讀取動作便不再受到抑制，細胞又重頭開始生成這兩種蛋白質。整個循環週期大約需要二十四小時的時間。簡而言之，在基因密碼裡面，人類的日夜節律早已經被設定好了。

我個人認為，我的身體需要一天有三十個小時。我需要很多白晝的時間，也需要比別人久一點的睡眠。怪怪的基因，或許我應該找醫師檢查一下。

突然聽見馬修說：「我出門囉！」

同一秒，我的手機突然震動了起來。好驚訝，竟然是同事汀娜傳訊息過來。她怎麼這麼早起？

她的訊息寫著：「我跟喬納斯切了。」

我回覆：「我馬上打電話給你。」

馬修穿著運動服，站在門口回頭問我，他是否需要帶鑰匙。
我回答說：「不用啦！快關門，暖氣都跑出去了！」

2
奪命牙膏

我問汀娜說：「妳在哪裡？」

她的聲音聽起來很生氣：「在去實驗室的路上。」

「妳跟喬納斯怎麼了？」

她氣喘喘地回答：「我剛剛在他家。」

「喔！妳在他家過夜了？怎……」

她打斷我，說：「不是。他用……天然草本牙膏。」

「啥？」

「他用『不含氟化物』的天然牙膏。」

我暗想，這真是草泥馬呀。喬納斯是個不錯的物理學家，我們認識很久了。他長相超帥，但汀娜卻一直對他不感興趣。私底下，我認為汀娜是個「高智商控」，只有聰明的男人才會吸引她。不久前，有人告訴我們喬納斯是個百分之兩百的天才，而且

每學期都拿書卷獎，汀娜才突然對他產生興趣。這幾週，汀娜正在和他搞小曖昧。天啊！真糟！他竟然用無氟牙膏。

「確定嗎？會不會只是包裝上的有機行銷廣告啊？有些草本牙膏也添加氟。」

「上面明明白白寫著『不含氟化物』幾個大字。而且，我已經拜讀過主要成分說明了。」

「這樣啊？未添加氟化物，用什麼取代呢？妳有沒有……」

汀娜又打斷我，說：「這不是重點。」糟糕，從汀娜不想討論產品化學成分來看，事態嚴重。

汀娜說：「我死心了。對我而言，世上再也沒有這號人物了，他已經死了。」

我匆忙做出診斷：「喬納斯死於奪命牙膏。」諷刺的是，他之所以使用無氟牙膏，就是希望能夠避免致死風險。

「妳問過他了嗎？會不會是採購時沒留意？」

「他說，氟化物會造成松果體阻塞。可是他根本連松果體的位置都搞不清楚！」

我心裡想，他學的是物理，又不是化學。

汀娜突然說出「氫氧磷灰石」（Hydroxyapatite）這個字來。

「什麼東西？」

汀娜氣呼呼地說：「那條草本牙膏利用氫氧磷灰石來取代氟化物。真是可笑！」

「妳說，牙齒琺瑯質成分中的氫氧磷灰石？」

「對，如此怎麼可能通過產品檢核？」

我說：「這件事倒是挺有趣的。」

汀娜氣說：「拍一段關於這個議題的影片吧！我已經到實驗室了。再聊。」

我心想：牙膏和氟化物，嗯，這個題目不錯。好主意。很多人覺得我很奇怪，為什麼選擇唸化學系，還讀完了博士學位，現在卻在「媒體界」工作。但我的確是真心真意喜歡做這份工作。不在實驗室裡研究的科學家同樣能夠服務人群，講述科學、推動科學普及化，也是重要的使命。因為科學難度頗高，外行人不僅難以瞭解，更無法確定科學內容訊息是否正確。網路上流傳著數不清的假消息，或是內容半真半假，很多人卻深信不疑。相較於網路資訊，專業書籍和科學期刊的內容雖然可信度高，但卻像連專家都無法參透的無字天書。科學就像需要「通關密語」的菁英俱樂部。雖然專家透過共同的專業術語能夠彼此溝通零障礙，但大多數的研究都是靠中央或地方的補助款，亦即來自於納稅義務人的荷包。如果納稅義務人，也就是一般人，無法瞭解自己的錢究竟做出哪些研究結果，這不是很荒謬嗎？因此，我認為應該有更多科學家來參與 YouTube 頻道及電視節目，將科學研究結果「翻譯」給社會大眾瞭解。

化骨水與荷包蛋

我們先來看看**氟化物**（Fluoride）和**氟**（Fluorine）的差別。氟化物指的是氟離子的有機或無機化合物。請大家翻開元素週期

表，氟（簡寫為 F）隸屬於週期表內的第七族，亦即**鹵素族**。氟是氣體，它的味道和游泳池裡添加的**氯**有點像。氯和氟一樣，都是鹵素族元素。不過，希望大家這輩子都不要聞到危險的氟氣體。

為什麼說氟氣體「危險」呢？因為氟含有劇毒，屬於腐蝕性氣體。空氣中只要出現了少量的氟，就會對人類的眼睛及肺臟造成傷害。這是因為氟的活性強，極其活潑，幾乎可以和所有元素結合形成化合物。先傳授大家一項經驗法則：能夠越容易且越迅速與其他物質產生化學反應的成分，往往越不受控制且越危險。這是化學成分具有毒性及危險的原因之一。其他原因將稍後再述。

氟碰到了水之後，會產生化學反應形成氟化氫，亦即**氫氟酸**（Hydrofluoric acid）。德文單字 Flusssäure，裡面出現了三個 S，挺嚇人的，完全符合其化學特徵。如果不慎接觸到氫氟酸，它不僅會腐蝕皮膚，甚至會穿透皮膚組織繼續腐蝕骨頭。氫氟酸溶液就是俗稱的「化骨水」！平常我們認為洗廁所的**鹽酸**（氫氯酸）已經夠危險了，但是鹽酸與氫氟酸比較起來，簡直是小巫見大巫。

因此，請盡量和氟以及氫氟酸保持安全距離！不過，大家也不需要過於謹慎，因為這兩種成分並不存在於自然界。幸運吧？讓我跟大家分享第二條簡單的化學經驗法則：物質的活性越強，存在於自然界的機會就越渺茫。這很合乎邏輯吧？氟的活性這麼強，幾乎能和所有的元素發生化合反應。所以，我們平常接觸到的都是「已經反應過的」氟。

注意！
請與氟和氫氟酸
保持安全距離！！

　　透過化學實驗可以製作氫氟酸。科學家為何製作化骨水呢？難道他們瘋狂地想藉以取得統治世界的權力嗎？並非如此！絕對不是這樣！我們的目的，只是單純地想煎煎荷包蛋而已！只要有相關實驗設備，化學家可以利用氫氟酸與其他物質一起作用，例如製作簡稱 PTFE 的**聚四氟乙烯**（Polytetrafluoroethylene）。這是眾所皆知的**鐵氟龍**（Teflon）！大家準備早餐煎蛋的時候，不是會用到鐵氟龍平底鍋嗎？

你或許會問：「鐵氟龍鍋子裡面的氟原子會怎麼樣啊？我們的荷包蛋會不會沾上氟？」這真是個好問題。讓我們一起開始進階化學課程吧！

不論元素原本的活性有多麼強、多麼活潑，當它們與其他物質發生化合反應之後就會變得穩定。分子是由原子構成。原子的活性大小等於它對氧以及酸鹼的作用能力大小。原子的內在組成才是決定活性的關鍵。這個化學現象和人生一樣：內在才是重要的。

質子、中子、電子

一般人通常將原子視為世界上構成物質的最小粒子。但實則不然。從結構來看，**原子**（Atom）包括**原子核**及核外**電子**（Electron）；原子核則由**質子**（Proton）和**中子**（Neutron）構成。因此，**原子包括三種基本粒子，亦即：帶負電的電子、帶正電的質子，以及呈現電中性的中子**。世界上所有的物質皆由這三種粒子所形成。很神奇吧？例如將不同比例的雞蛋、麵粉和牛奶混合在一起，加熱後可能做出可麗餅或麵條。雖然可麗餅和麵條是兩種不同的食物，但它們的共同點遠多於譬如黃金和氧氣之間的關聯性。不過，黃金和氧氣的基本組成也是質子、中子和電子這三種粒子。難以置信吧？（物理學家對此另有看法，三種粒子的說法只是簡單的化學版本。）

　　如果不是以這三種粒子做為結構基礎，那麼黃金究竟是如何變成黃金，氧氣又是如何變成氧氣的呢？

　　原子核內的質子數是決定元素種類的主要依據。元素週期表上面記錄著每個元素的質子數。週期表上元素的排列有規則可循嗎？有的，元素週期表乃依照所謂的**原子序數**（Atomic Number）將化學元素排成序列。原子序數就是原子核內的質子數。例如：氧在元素週期表是第八號，表示氧的原子序數是八；金在元素週期表是第七十九號，表示金的原子序數是七十九。原子序數就是氧之所以為氧，而金之所以為金的原因。

　　很久很久以前，煉金師（他們是現代化學家的老前輩）致力於煉金術，期盼將一般金屬轉變為黃金。現代科學家後來才弄明白，就算是高超的現代化學實驗科技也無法「點石成金」。關鍵因素就在於原子結構。

或許你們已經看過左邊這張圖：

這個**原子圖**顯示：原子包括原子核及其外部結構。原子核裡面包括帶正電的質子及不帶電性的中子。整體而言，原子核帶正電。原子核周圍是帶負電且持續環繞著核心旋轉的電子。

原子的質量幾乎都集中在原子核，亦即原子的質量取決於質子及中子的數目。電子幾乎沒有重量，因此可忽略不計其質量。這有點像是在替大象秤重，完全不必去考慮落在大象身上幾根羽毛的重量。

單一原子很小，質量當然不大。但是當許多原子聚集在一起的時候，例如一本書或是我們的身體，當然就會有重量。

與僅有八個質子的氧氣相比，質子數七十九的黃金明顯重了許多。還必須加上中子的重量。單一中子的重量和單一質子的重量相同。粗略而言，原子核內的質子數目及中子數目是相同的。這樣計算一下，一個黃金原子的重量大約是一個氧原子的十二倍。

相反的，原子的大小與原子核無關。原子的體積完全取決於外圈的電子軌道。單一原子的體積已經很小，原子核更是極其迷你，因此原子核的體積可以忽略不計。這有點像棉花糖；若將電子軌道比擬成膨膨鬆鬆的棉花糖，那麼握柄的大小可以忽略不計。因為棉花糖的體積僅與棉花糖有關；握柄的粗細並不會明顯

影響棉花糖的大小。

　　原子核位於原子的核心，集中了原子幾乎全數的質量，卻似完全不占體積，只是一個小點罷了。

　　原子的體積就是周圍電子軌道的大小。電子軌道的大小則取決於電子的數目。通常，原子核內的質子數目和周圍的電子數目是相同的。質子和電子的正負電荷中和之後，原子不帶電荷。黃金的電子軌道裡，有七十九個電子持續做著旋轉運動。但是，氧氣的電子軌道裡只有九個電子。電子移動時需要空間。因此，黃金的電子軌道體積大於氧氣的電子軌道。黃金原子大約是氧氣原子體積的兩倍。

座無虛席的電子

　　關於原子質量及體積議題，先在此打住。現在來研究一下原子的化學特性！先不多聊原子核，因為它不會參與任何化學反應。「點石成金」根本就是不可能的任務，因為沒有方法可以增加原子核裡面的質子數（除非引發核反應，如此一來原子核的結構就會變得不穩定，而變成另一種原子種類）。一般而言，化學反應的發生範圍僅限於電子軌道內部及周邊。因此，就讓我們好好地來研究一下電子軌道吧！這才精采呢！

　　之前大家看過原子的模型圖，圖中顯示：電子沿

碳原子的質量 = 0,000 000 000 000 000 000 000 02g

著軌道環繞著原子核旋轉。這是一個很簡化的模型。請大家謹記：**模型描述的並非百分之一百的事實狀態，只是簡化事實之後再加以呈現**。模型僅適用於特定條件（就像平面模特兒在拍照時表現出來的只是特別塑造的流行時尚形象，卻非真實的個人）。讀者們，你們發現了嗎？我這個人就是喜歡簡單的模型。何必把事情複雜化呢，對吧？

　　向大家介紹一個很容易瞭解的化學反應模型。就是所謂的**軌道模型**。

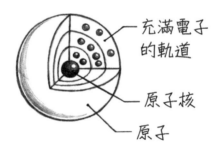

充滿電子的軌道
原子核
原子

　　軌道模型指出：電子環繞原子核運行的方式並非隨心所欲，而是遵守固定的距離繞行。電子軌道像什麼呢？大家可以透過洋蔥來想像，電子就像一圈一圈的洋蔥鱗葉包圍著核心。（可惜沒有人詢問我的意見，不然我會把這個模型命名為「洋蔥模型」。）

　　如同行星維持著一定的距離圍繞著太陽運行，電子也是如此環繞著原子核運行。為什麼是固定距離，而不是其他的距離呢？電子的移動現象無法透過物理學領域中的古典力學來解釋，而必須藉助量子力學觀點。

　　量子力學超過一般人的想像，因為你我的所見所感通常符合古典物理學原則。對我們而言，量子力學領域彷彿就是用心眼去想像前所未見的顏色。但請先這麼想像：

　　電子軌道就像電影院裡一排一排的固定座位。我們可以坐在椅子上，卻不能坐在排與排之間的縫隙裡。

　　電子是如何分布在電子層裡面呢？化學元素的電子是由內向外分布；內層電子層被填滿之後，電子才會被分布至更外圍的一層裡。特別重要的是位於最外層的電子，亦即**價電子**（valence electron）。與內層電子相比，價電子離原子核的距離最遠。這造就了價電子的特性：帶負電的價電子離正價原子核越遠，原子核對價電子的引力就越小。相較之下，內層電子顯得穩定，而且只希望留在正價原子核附近；最外層的價電子則顯得活潑外向，喜歡和其他元素發生化學反應。

　　導致價電子不穩定的原因有兩個，其一是與原子核距離遙遠，第二個原因則是因為：外層電子層並未排滿電子，顯得空蕩蕩的。之前提過，化學元素的電子數目就是質子數目，因此電子的總數是固定的。電子，尤其是最外層很活潑的價電子超級討厭空空盪盪的座位！關於這一點，電子和我的個性真是差很大，我在電影院裡超級喜歡一個人占據一整排座位，但是電子們卻有個怪怪的習慣，它們總是希望自己的電子層能夠完全「座無虛席」。

　　這個習慣的表現方式相當有趣。化學元素最外層電子層如果空位很多，那麼這個元素尚屬穩定。但若最外層電子層（即：價殼層）裡僅剩一個空位，或只有孤零零的一個電子在價殼層裡

面遊蕩，那麼這個元素就顯得相當不穩定。最不穩定的元素就是價殼層裡「欠一咖」的元素，它們最容易與其他元素進行化學反應。這有點像世足賽亞軍隊伍，他們「差一名」就可以獲得冠軍頭銜，當然會情緒激動抱頭痛哭。

元素的化學特性取決於它的價電子數目。以氟為例，其原子序數為九，亦即含有九個質子和九個電子。第一層軌域裡有兩個電子，剩下七個電子分布於可容納八個電子的第二層軌域裡面。無法達成「座無虛席」的目標，讓氟元素超「捉狂」。於是它拚命想從其他元素那裡搶到一個電子來填滿最後的空位。

許多元素都像氟一樣，自己本身的電子數無法填滿最外層的軌域。**幾乎所有元素週期表裡的主族元素都喜歡在外層電子層裡面擁有八個價電子。**這是所謂的**八隅體原則**（octet rule）。這個名稱容易讓人產生誤會，認為這是固定的物理法則。但其實不然，八隅體原則只是模型。若將軌道模型一併納入考量，就會發現這個原則相當實用。透過八隅體原則，不僅能夠解釋元素活性，更可說明為什麼某些元素之間就是很容易產生化學反應。元素和元素之間產生化學反應並形成化學鍵之後，就能讓價殼層達到穩定的八隅體狀態。（這與人類關係很相似，對嗎？）

氟就像肚子餓哭鬧不已的小嬰兒，只要讓他吃飽，他就會變得既安靜又乖巧。氟一旦與其他元素反應之後，得到一心冀盼的第八個電子之後，就不會去搞其他的大動作了。

碳與氟的模範婚姻

這些特點與鐵氟龍平底鍋有什麼關係呢？鐵氟龍是「氟碳聚合物」。碳原子有四顆價電子，能夠大方地分享給其他元素。（關於碳─氟化學鍵的內容，請見本書第八章）。氟和碳結合之後，變得相當穩定。除非是攝氏三百六十度以上的高溫，否則無法破壞碳─氟化學鍵。使用鐵氟龍鍋子煎東西的時候，建議不要超過攝氏兩百六十度。（最佳的煎蛋溫度約為攝氏八十三度，因為蛋白質會在這個溫度時凝固。）

依據八隅體原則，鐵氟龍鍋子裡的氟原子和碳原子「心願已了」，它們結構的最外層都達成了全滿的軌域電子組態。碳─氟化學鍵簡直就像是化學界的「模範婚姻」，它們絕對不會去覬覦其他原子或分子「小三」。例如：雖然煎蛋滋滋作響又極為可口，但是鐵氟龍鍋子裡的氟並不會和荷包蛋裡的蛋白質分子產生化學反應，因為煎鍋裡的氟早已與碳結合形成穩定的八隅體外層電子軌域。

煎東西的時候如果出現碎屑，那麼只可能是鍋子裡的分子和食物分子之間的反應，而不是鐵氟龍和食物分子產生化學反應。或許，氟的「擬人化」生命故事會是這樣：回顧年少狂飆的自己，氟赫然發現當時它竟然具備形成化骨水的活性；不過，自從和碳形成鐵氟龍之後，則慶幸昔日時光已成過去，可謂「心之所向已成真，從今起謝絕打擾」。鐵氟龍平底鍋絕對不沾鍋，它只是傳導熱能把蛋煎熟，並無直接反應。蛋和鍋子短暫交會之後，

荷包蛋輕輕滑走，不帶走任何一個氟原子。

　　順帶一提，除了鐵氟龍裡面的氟原子之外，牙膏裡的氟化物也對自己的八隅體狀態甚感滿意。之前我提過，原子可分成兩大類，帶電與不帶電。第（一）類不帶電的原子含有等數的質子及電子，因為正負電荷彼此抵銷的關係，所以該原子呈現電中性。另外也有第（二）類的帶電原子，它們就是所謂的**離子**（Ion）。又可細分為：電子數目多於質子數目的**陰離子**（Anion），以及質子數目多於電子數目的**陽離子**（Cation）。根據化學專業詞彙，陰離子會加上 id 字尾；陽離子則沒有特殊字尾。氟化物（Fluorid）的 id 字尾顯示：氟元素從其他元素處獲得電子，形成負價氟化合物。氟化物牙膏的外圍電子已經達成八隅體電子組態，因此狀態相當穩定。

　　牙膏裡的氟又是去哪裡搶到了一個電子呢？它的幸運來自於選取了「門當戶對」的化學反應對象！該對象出身元素週期表的**鹼金屬家族**，也就是第一族元素裡的**鈉元素**（符號為 Na）。我們吃的食鹽，主成分就是氯化鈉。因為這項關係，鈉變得大名鼎鼎。不過，食鹽裡面的是鈉離子，而非鈉元素本尊。大家應該沒見過「純鈉」吧？鈉元素跟氟元素一樣，不存在於自然界。

　　鈉是軟金屬，帶有銀白光澤，可以用刀子切割。這聽起來還好，可怕的是當鈉元素碰到水就會劇烈反應。（大家可觀看youtube 裡的相關影片，但請勿模仿）。身為激進派的化學反應成員，鈉簡直是氟的完美合作對象。怎麼說呢？鈉，就像所有的鹼金屬家族成員一般，並不缺少電子，反而在價殼層裡只有一個電子。鈉並不希望將這個電子留在身邊，而是迫切地想甩開這個電子。這時候鈉離子如果遇上了氟，就可以形成牙膏裡面的**氟化鈉**（Sodium fluoride）離子化合物成分，讓兩者同時符合八隅體原則。（順帶一題，食鹽裡的**氯化鈉**也是依照這個原則形成的。）

　　牙膏裡面的氟化物相對穩定。但是，成分穩定並不代表一定無毒。咦，牙膏中添加的含氟化合物會有毒嗎？牙膏可能奪命嗎？究竟為什麼要在牙膏裡面添加氟化物呢？我正要去刷牙，到浴室裡再詳談吧。

3
停止「化學歧視」！

　　浴室就像「化學實驗室」，不然至少也是「化學藥品櫃」。朋友告訴我，這個比喻很糟，聽起來浴室彷彿毒藥庫。唉，我只是想把我對於化學的熱情和好朋友一起分享嘛！看來還是謹言慎行一點比較好。第二章雖然提及氟和鈉元素會產生劇烈的化學反應，但是化學成分並非統統都是「無良品」。在這個世界上，生活必備品、健康食品，或是有毒物質等等全部都是化學物質！

　　化學不一定有毒，卻具有相當的影響力。我爸、我弟、我最要好的閨蜜，都是化學研究所畢業的。我自己呢？也和化學家結了婚。而且我們都是正常人，如假包換。

　　有一陣子，我家老爸把工作重點放在研究美髮產品。他帶著我去逛美妝店，順便研究美髮產品的組成成分。當時某些品牌的洗髮精運用了老爸實驗室裡研發出來的化學成分。我之所以專攻

「高分子化學」（又稱「聚合物化學」）（Polymer chemistry），都要歸功於老爸。或許有些人會酸言酸語地說，高分子就是塑膠啦。這種看法既無恥又偏頗，因為很多東西都是高分子，例如鐵氟龍的化學成分是聚四氟乙烯（PolyTetraFluoroEthylene），它就是一種人工合成的高分子材料。另外，醫學領域也會利用高分子特性在人體內運送抗癌藥物，或利用醫用高分子材料來製作人工器官。所以，高分子不單單只是塑膠而已！

　　從定義來看，**高分子**（Polymer）乃長鏈分子，由一些小分子化合物單元，亦即所謂的**單體**（Monomer）重覆連結而形成的高分子量分子化合物。**多醣類**（Polysaccharide）和碳水化合物都是高分子化合物（簡稱高分子，又稱聚合物）。高分子化合物有人工合成的，也有純自然的。木頭和植物纖維就是自然界裡的高分子，由纖維素纖維（Cellulose fiber）組合而成。人體的遺傳物質 DNA 也是高分子。所以說，可分成天然及合成高分子兩大類。酷的是，我們可以在實驗室裡製作高分子。例如，我爸從前在他的實驗室裡面研發過美髮蓬鬆噴霧以及抗分岔護髮產品裡添加的高分子成分。這啟蒙了我對於化學的興趣。很多刻板印象認為化學是男人的天下。對於身為女性化學家的我而言，這個想法很奇怪。偶爾有人會問：「女化學博士在 youtube 頻道裡做些什麼啊？彩妝建議嗎？」這就怪了，為什麼大家很有興趣學彩妝，卻對化學興趣缺缺呢？單單自己動手做「純天然手工皂」就需要化學知識啊！

含氟牙膏毒不毒？

　　現在，我正準備將最後一丁點牙膏擠到牙刷上。心裡想，剛剛早餐的果汁及麵包夾蛋正在胃裡加入新陳代謝的作用行列，參與一連串偉大的化學反應。許多化學故事不僅在腸胃裡上演，嘴巴裡也有。事實上，柳橙汁的含糖量和可樂一樣高，麵包的成分就是糖及碳水化合物。柳橙汁及麵包都屬於高分子糖類。這兩樣早餐裡的**糖**會在口腔裡引發相當有趣的化學反應。

　　我們常常把各式各樣型態的糖塞進嘴裡。這類行為不僅僅為了滿足口腹之慾，更因為體內所有生理作用的運作都需要能量，糖就是相當迅速的能量來源。尤其當大腦運作的時候，葡萄糖就是最重要的能量來源。難怪大腦經常把我們制約成喜歡巧克力及小熊軟糖的「螞蟻人」。

　　不單單只有人類對糖愛不擇「口」，我們牙齒上的微生物也嗜糖如命。大家知道嗎？就在這個當下，數百種細菌正在你的嘴巴裡活蹦亂跳。哈哈！好啦！我承認，我嘴巴裡的情況也和大家一樣。接吻的時候，兩個人唾液中交換的細菌數目甚至高達好幾百萬個。抱歉，聊起這麼噁心的事。但身為化學家的我，向來喜歡從微觀的角度來拆解世界，並努力思索無法以肉眼觀察的萬事萬物。細菌生活在牙齒上的牙菌斑裡面。牙菌斑就是所謂的「牙垢」，由食物殘渣、唾液和細菌等在牙齒表面逐漸沉積而成。牙膏及漱口水廣告經常宣稱產品具有抑制牙菌斑的效果。我並不想潑大家冷水，但這類產品無法完全去除牙菌斑。不過，倒是可以

改變牙菌斑的內部狀態，讓細菌覺得不舒服。

　　糖或碳水化合物一旦入口，細菌就喜孜孜地享用大餐，吃飽後就開始放屁，排放出來的就是「**酸**」。這個比喻並不完全正確，但有一次我這樣告訴朋友家五歲的小女兒。她笑得東倒西歪，而且從此之後都願意乖乖刷牙。（挺推薦大家採用這個解釋的）。細菌透過複雜的化學作用來分解糖分。和人類一樣，細菌也會進行新陳代謝。細菌將糖分子代謝之後，最終產物就是酸。而且這些代謝過程就發生在我們的牙齒表面。

　　琺瑯質是牙齒的最外層組織，絕大部分的成分為**氫氧磷灰石**。哎呀！汀娜的曖昧男友用的天然牙膏不就是用這種成分取代氟化物嗎？用琺瑯質粉來刷牙，真奇怪。而且，這種做法絕對無法對付蛀牙。牙齒表面不喜歡接觸酸性物質，因為酸性物質會以很緩慢的速度逐漸侵蝕琺瑯質。牙齒被酸侵蝕後，蛀成一個洞一個洞的，也就是蛀牙。

　　糖分被細菌分解之後產生酸，酸逐漸侵蝕牙齒表面的琺瑯

質。這還不是唯一的問題。例如柳橙汁等食物原本就含有酸性成分。對牙齒健康而言，糖加上酸簡直是雪上加霜。我很愛喝咖啡，咖啡也帶有微酸，因此我都選用含氟牙膏，以減緩酸類對於牙齒琺瑯質的酸蝕破壞。

　　第二章曾經提過，氟會生成單價負離子，亦即陰離子。牙齒琺瑯質表面存在著一種被稱為「氫氧離子」或「氫氧基」（Hydroxid ion）的陰離子。刷牙時，牙膏裡的氟化物轉化成帶負電且極小的氟離子，它們幾乎無孔不入，因此能進入琺瑯質之內，取代會與酸性物質作用之負價氫氧基。這聽起來很劇烈，卻是一件好事，因為經過這個取代過程之後，牙齒表面能夠形成一層超薄卻極其堅硬穩固的**氟磷灰石層**（Fluorapatite），就不用擔心酸性物質侵蝕了。順帶一提，鯊魚超級尖銳的牙齒幾乎百分之一百都是由氟磷灰石構成，難怪鯊魚咬人特別痛。

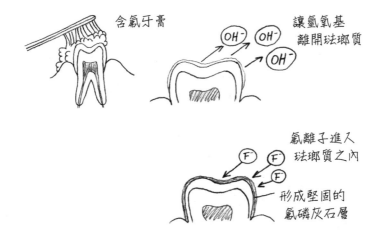

　　無氟牙膏效果好嗎？簡單說，實在不怎麼樣。這類牙膏以氫氧磷灰石成分亦即琺瑯質成分來取代氟化物。基本的想法就是：琺瑯質會受損，所以幫它補充一下。但無氟牙膏並沒有辦法在琺瑯質表面形成保護層，牙齒依舊會被酸蝕，蛀牙就來報到。有些人堅持不用含氟牙膏，懷疑氟化物可能導致大腦松果體鈣化。

　　氟化物究竟有沒有毒呢？套句毒理學之父帕拉塞爾蘇斯（Paracelsus）的傳世名言：「**毒之所以為毒，劑量使然。**」（原句摘錄是：「萬物皆毒，無物不毒；毒之所以無毒，劑量使然。」）

　　大量的氟化物當然會致命，例如少量幾克氟化物即可導致成年人喪命。但除了在化學實驗室之外，誰又能於實際生活中接觸到如此高劑量的氟化物呢？就算是「牙膏大胃王比賽」，尚未吃進致死劑量之前，早就先吐了吧！不過，長期攝入過量的氟化物之後的確可能罹患所謂的「氟骨症」（Skeletal fluorosis），導致骨骼及關節受到破壞。例如鋼鐵工廠或陶瓷工廠工人因長年吸入含氟氣體而罹病；或者在中國及墨西哥城地區由於環境汙染的緣故導致民眾長年飲用含氟量超標的自來水。幸好，德國飲用水當中的氟含量並未超標（詳見本書第十章）。

　　使用含氟牙膏，安全嗎？經過研究，含氟牙膏具有保護牙齒的效果，濃度無礙健康。我的牙膏包裝盒上面寫著：「氟離子濃度 1450 ppm」。這表示：七百個牙膏粒子裡面有一個氟離子。幾個氟離子即可在牙齒表面形成保護層，預防蛀牙，數量毋須多。不過請切記，飲用水的含氟濃度不宜達到 1450 ppm。含氟濃度必須考慮其他相關脈絡。刷牙只是清潔局部，使用少量牙膏，漱

口時也會吐掉牙膏泡沫，氟化物攝入量並不高。不過，幼童很喜歡把各式各樣的東西塞進嘴巴裡。小時候，只要爸媽一不留意，我弟弟就偷吃泥土。建議年輕父母購買兒童牙膏。因為無法禁止幼兒享受吃牙膏的樂趣，所以只好購買含氟量較低的兒童牙膏。但是，長牙階段的小寶寶特別容易罹患所謂的「氟斑牙」（Dental fluorosis）。這是因為牙齒在發育階段曾經暴露在高濃度的氟化物當中，導致牙齒琺瑯質的形成受阻，而在牙齒表面出現白色斑點，嚴重時甚至會出現黃色或深咖啡色斑紋。

流於濫用的偽科學

總而言之，含氟牙膏有利有弊。含有安全劑量氟化物的牙膏有助預防齲齒；使用過量，可能提高幼兒罹患氟斑牙的潛在風險。至於擔心含氟牙膏會導致松果體鈣化，這根本是空穴來風！我很驚訝的是，很多人因為網路論壇及臉書的推波助瀾相信這個缺乏科學證據的說法，進而拒絕使用含氟牙膏。真是奇特的網路現象。大家可以在 Google 裡面搜尋，立刻就會看見「氟化物破壞大腦！」、「氟化物讓松果體鈣化！」以及「氟化物讓你變笨！」等訊息。這些網頁會連結到相關的科學研究報告，詳讀之後卻發現這根本是憑空杜撰，缺乏科學佐證。科學期刊及報告是為了促進專家學者之間進行高度專業化的細節交流，不是為了外行人或非專業者所撰寫。科學研究計畫有其論述基礎，外行人若胡亂引用則極易出錯。因此，我們的社會需要科學記者來梳理彙

整科學研究結果，以免造成社會大眾的誤解，甚至流於濫用。

　　針對「氟化物讓松果體鈣化」的這項議題，我做了非常詳細的深度探討。可以確定的是：這項恐懼來自極少數幾項微不足道的研究。其中的始作俑者是一項關於墨西哥城懷孕婦女的長期追蹤研究。墨西哥城的環境汙染嚴重，導致飲用水含氟量高，含鉛量也高。長期追蹤發現：當地出生的幼兒智商偏低，不過該項統計數據的分散度高。事實上，科學家必須進行相關的後續研究才可做出推測。再加上墨西哥城環境汙染嚴重，怎麼能將導致智商低下的風險因素完全歸諸於氟化物（甚至是牙膏裡的氟化物）呢？而且，這項研究結果並無法「移植」到德國。但德國媒體界仍傳播此類報導，搭配上「氟化物讓胎兒變笨」的聳動標題。所以，我認為這些絕對不是優質的科學報導。

　　汀娜又傳手機訊息過來。

　　她寫道：「喬納斯已經三年沒看過牙醫了。根本不知道自己有沒有蛀牙！」接著，她傳來「氣噗噗」的表情貼圖。

　　我完全能夠想像她暴怒的模樣，不由得地笑了出來。

　　喬納斯如果真的沒有蛀牙，當然可以繼續使用無氟牙膏。讓汀娜火大的是，喬納斯雖然無知，卻狗運亨通。並非每個人都容易蛀牙。我個人不會放棄含氟牙膏，避免日後滿口爛牙。不過，有些人或許僅需做好口腔清潔工作，維持口腔內酸鹼平衡即可，未必一定需要使用含氟牙膏。牙膏裡的重要成分不少，除了氟化物以外，還包括界面活性劑及拋光劑等；前者就是肥皂裡俗稱的起泡劑（稍後詳述），後者則像是磨砂膏裡面的微細顆粒。藉助

這些成分，即可清除牙口內之食物殘渣。慣用無氟牙膏且未蛀牙者，就請繼續自己的習慣。擔心氟化物風險卻已蛀牙者，建議你們還是多愛自己一點，儘早換回普通的含氟牙膏，避免搞得日後滿嘴爛牙。

會翹臀的界面活性劑分子

刷牙之後，我沖了個澡。思考著：不常洗澡，究竟會有多臭呢？「臭得像廁所一樣」的說法或許並不恰當。現代人過於重視洗澡，要求每天都要洗澡。但如果兩三天不洗澡不會出現異味，為什麼需要天天洗澡呢？天天洗澡，事實上並非絕對必要，反而有害健康。這句話嚇到你們了嗎？讓我們一起先來瞭解皮膚結構與沐浴乳特性。

牙齒琺瑯質上面布滿細菌。同樣的，許多不同種類的微生物也快樂地居住在皮膚上。雖然只要想到我們皮膚上隨時都有細菌及其他微生物爬來爬去，就覺得有點噁心；但這些「微生物群」（Microbiota）原則上不僅無害，反而對人體有利。皮膚和皮膚上的微生物群就像一個生態系，既複雜又維持良性平衡。

但總會碰上令人討厭的致病微生物，雙手尤其是傳播細菌的主要媒介。雖然皮膚會嚴格把關，不讓病原菌進入體內，但若用手揉眼睛或拿食物，病原菌就容易伺機而入。因此，勤洗手才是上策。這就關係到浴室裡最重要的化學物質：**界面活性劑**。

之前提過，牙膏的成分包括界面活性劑在內。肥皂或洗髮精

就屬於經典款的界面活性劑。洗手的時候,用肥皂不是可以比用水洗得更乾淨嗎?人類皮膚表皮具有**疏水**(hydrophobic)特質,字面就是「討厭水、排斥水」的意思。皮膚細胞的細胞膜及間隙皆具有疏水特色,就是無法和水混合,或是溶解於水。**油及脂肪**就屬於疏水分子。從另一面來看,它們具有**親油**(lipophilic)特質,亦即「喜歡脂肪」的意思。調製油醋沙拉醬的時候可以發現:油水不相溶,形成兩層,以界面為交界,又稱相界(Phase boundary)。水分子和油分子彼此推擠,互不相溶,只想和同類分子在一起。

　　親水(hydrophilic)和疏水是相反詞,親水乃「喜歡水」之意。例如酒類具有親水特質,因此酒類可以和水混合在一起(幸好如此,不然怎麼喝得下)。兩者間會彼此影響。糖和鹽也具有親水特質,這就是糖和鹽為什麼會溶於水,卻不會溶於油的原因。

　　原則上,所有的物質皆可分為親水與疏水兩大類。不過,這其中有些灰色區域。皮膚偏向疏水性,這項特徵讓皮膚能夠提供人體最佳保護。請問,你會希望自己的皮膚碰到下雨或洗澡就開始溶解嗎?不會吧!水對皮膚的影響並不大,加上皮膚上的腺體會分泌油脂(亦即皮脂),屬於親油成分。細菌細胞膜亦具備親油疏水特性。用水去沖洗細菌或皮膚上的皮脂分泌物,肯定作用不大。用水去洗滌衣服上的油漬,效果好嗎?你如果曾經嘗試過,就瞭解我的意思,對吧?

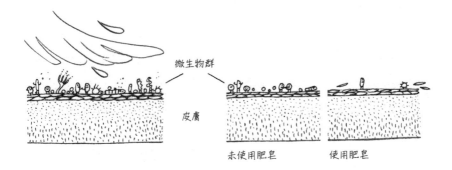

微生物群

皮膚

未使用肥皂　　　　　使用肥皂

　　數千年前，人類發明了最早的**界面活性劑**，也就是**肥皂**。這種神奇的物質具備**兩親**（amphiphilic）特性，亦及界面活性劑分子將親水性及親油性整合在一起。它是長串分子，由兩個單位所組成：頭部是親水基，長長的尾部則含有親油基。以大頭針比喻：界面活性劑彷彿許許多多細細小小的大頭針，針頭親水，大頭針本身則親油。

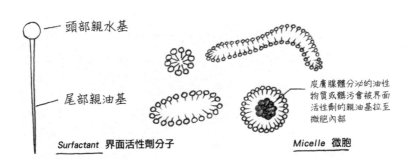

頭部親水基

尾部親油基

Surfactant 界面活性劑分子

Micelle 微胞

皮膚腺體分泌的油性物質或髒污會被界面活性劑的親油基拉至微胞內部

　　將界面活性劑倒入水中之後，會發生相當有趣的事情。界面活性劑分子親油基的尾部因為排斥水分子，希望盡可能減少和水分子的接觸而朝內；親水基的頭部朝外。界面活性劑分子在水中自動形成的立體幾何結構，被稱為「微胞」或「膠束」（Micelle），可能是球狀、束狀，或是毛毛蟲的形狀。

　　如果將橄欖油及肥皂水倒入玻璃杯內，會發現絕大多數的肥皂成分，亦即界面活性劑分子會停留在水相和油相物質的交界處；此乃界面活性劑分子**趨向於界面**的特性。然後，以其親水基頭部向外，親油基尾部則朝內。在水與空氣之相層交界處亦然。雖然空氣並不具親水或親油性，但空氣絕非水分，因此在界面表層的界面活性劑分子會做出將頭埋入水中的「翹臀」動作。（一如德國童歌小黃鴨歌詞所述：「戲弄綠波，頭低低，尾巴翹。」）

　　上述特點，造就了市面上的沐浴乳產品與神奇的吹泡泡水。請想想，肥皂泡泡事實上就是少許肥皂加上水的空心球體，看起來雖然脆弱，卻出奇地堅固。天呀，這薄薄的一層水膜究竟必須承受多大的壓力呢？

　　慢著，這聽起來有點奇怪。水分是液體，如何能承受物理壓力呢？從泡泡水吹出來的肥皂泡泡，就像塑膠尺被弄彎時一樣，必須承受壓力。之所以會出現肥皂泡泡，是因為液體（通常是水）表面的**「表面張力」**（Surface tension）。詳細內容請見本書第十章。

　　各派勢力竟然會在水的表面上互相角力，這件事真讓人難以置信。界面活性劑將水的表面變得更柔軟更有彈性，彷彿將原本

硬梆梆的塑膠尺變得柔軟且容易彎曲，不必擔心會被折斷。**界面活性劑降低了純水分子的表面張力**，讓孩子們可以高高興興地吹泡泡，甚至能讓沐浴乳輕易搓揉出許多小泡泡。

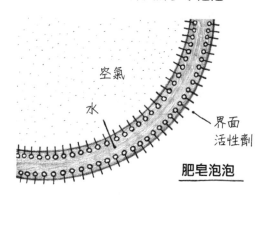

空氣

水

界面
活性劑

肥皂泡泡

皂化反應

有鑑於其「兩親」特性，界面活性劑穿梭在水分、皮脂、髒污及細菌之間，充當偉大的中間媒介。用肥皂洗手的時候，肥皂的親油基會將皮膚上的油性髒汙包覆在「微胞」裡面，再由肥皂的親水基牽入水中，一併被水沖洗掉。這就是界面活性劑的作用機制。洗衣精、清潔劑以及牙膏裡都含有界面活性劑成分。雖是這些日常生活用品並不起眼，但現代人的生活當中卻絕對少不了它們。

該如何來想像這些才華洋溢又像是迷你大頭針的界面活性劑分子呢？

最早的肥皂源自於動物脂肪和木材灰燼的混合物。其中基本的化學反應過程被稱為**皂化**（Saponification）。皂化過程中一定需要脂肪或油。基於化學觀點，脂肪或油脂就是**三酸甘油酯**（Triglyceride）的混合物，亦即由一個甘油分子和三個**脂肪酸**（fatty acid）分子所組成之有機化合物。脂肪酸注定與肥皂結緣，因其疏水特性的尾巴很長，還帶著一個親水特性的頂端。這不正符合大頭針的形狀嗎？三酸甘油酯中**酸**的部分通常是長鏈有機酸，不會和水發生作用。請想像：三酸甘油酯就像三根共用頂端的大頭針；一旦遇到了鹼性物質，這個共用頂端的有機酸分子就會和鹼起作用，而剩下三根獨立的大頭針。植物灰燼呈鹼性，含有鉀鹽。**酸性和鹼性分子很容易互相反應。**

若將油脂及植物灰燼裡的鉀鹽成分一同加熱，便會破壞三酸甘油酯的化學鍵，釋放出三個自由脂肪酸。脂肪酸分子和鹼性成分進行**皂化反應**之後，就會帶負電。此負價電子基通常很容易和水分子產生化學反應（詳細內容請見本書第十章）。油脂和鹼作用後，形成界面活性劑。

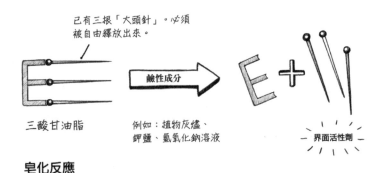

已有三根「大頭針」。必須被自由釋放出來。

鹼性成分

三酸甘油脂

例如：植物灰燼、鉀鹽、氫氧化鈉溶液

界面活性劑

皂化反應

直到目前為止依然採此法製作肥皂，不過是以**氫氧化鈉溶液**（sodium hydroxide, NaOH）取代植物灰燼或鉀鹽。氫氧化鈉的鹼性較強，特別適合在皂化反應裡運用。而且它幾乎能和所有油脂種類產生作用。傳統的硬式肥皂製作工法皆選用豬油、骨脂等便宜的油品。聽起來或許有點噁心，卻可做出優質的肥皂。

天然就沒有化學合成？

為什麼聊起這個話題呢？近年來，大家很流行天然手工皂。天然皂製作法與傳統工法有何差異呢？這也是個有趣的議題。DIY 手工皂的時候，大家喜歡用純天然的椰子油、橄欖油或酪梨油。這簡直是和利用氫氧化鈉及油脂來製作肥皂的傳統工法大打擂台。說穿了，除了不使用豬油，改採較具吸引力的油脂來源以外，天然皂與傳統肥皂並無差異。廣告噱頭號稱百分之一百純皂化，但就其定義而言天然皂就是肥皂。兩者的化學結構及屬性都很相近。只不過，廣告經常強調：天然皂特別溫和，特別呵護肌膚。椰子、橄欖或酪梨儼然已成為溫和與呵護肌膚的天然代言人，不是嗎？從化學的角度來看，倒是未必如此。

傳統肥皂和天然肥皂的洗滌能力都一樣，好的呱呱叫。因其疏水基團可以有效包覆油污，親水基團能拉住疏水基團一併隨著水流沖洗清潔。清潔效果佳，就表示比較刺激。當然，肥皂不會像氟離子那麼激進，但強效洗淨的肥皂可能會刺激皮膚或讓皮膚變得過於乾燥。有鑑於此，我並不推薦大家每天洗澡。因為用沐

浴乳或肥皂洗澡之後，一定會影響皮膚上微生物相的自然生態系統。皮膚上存在著許許多多的微生物，它們都執行著捍衛人體健康的功能。皮膚還會分泌皮脂，目的並不只是讓人猛冒青春痘而捶胸頓足，皮脂能夠保護皮膚，避免皮膚過於乾燥。皮膚一旦變得乾燥，不僅容易引發搔癢難耐，更可能導致皮膚龜裂。皮膚表面龜裂之後，細菌等病原體可能藉由龜裂傷口進入皮膚內層而造成感染。如此一來，皮膚就喪失原本天然的屏障保護功能。

或許你在內心想：不論如何，「天然」肥皂總比「化學合成」的來得好吧！！肥皂等界面活性劑通常含有**烷基硫酸鹽**成分。包裝上面通常印這個字，但其實常見的界面活性劑叫做「十二烷基聚氧乙醚硫酸鈉」（Natrium Laureth Sulfat）。在多數的洗髮精及化妝品產品裡面都可以發現它的蹤影。天然皂的粉絲們很討厭它，因為它是化學合成的界面活性劑。有些人甚至願意買橄欖油來取代這種化學合成的肥皂。不過，十二烷基聚氧乙醚硫酸鈉分子裡的「乙醚」結構會讓界面活性劑變得比較溫和，因此適合當作化妝品成分。從化學結構來看，界面活性劑裡的**乙醚**（Ether）鍵就像大頭針頭部及下半部的連接部位，其親水及疏水屬性屬於中間型。連接部位的分子結構愈長，洗淨效果愈差，相對較為溫和。化學合成肥皂不一定就比較刺激。相反的，實驗室反而有辦法控制皂化過程，製作出平常不易生成的溫和型界面活性劑。事實上，嬰兒洗髮精就是很好的例子，幾乎所有嬰兒洗髮精產品裡的介面活性劑都是化學合成的。

天然皂很環保，我個人也頗喜歡。但建議敏感或乾燥型膚質

者不要拿硬式肥皂來洗澡，最多拿來洗洗手就好。糟糕的是，所有人工合成的界面活性劑都被貼上超大的「化學品」標籤，完全被一竿子打翻一船人。我認為，將界面活性劑種類一分為二（分成天然或化學合成兩大類）的方式並不正確。製作天然皂的過程裡，一樣會有化學作用的參與。舉例而言：酪梨果實的確來自於天然果樹，但是提煉酪梨油就需要化學反應，而且還必須添加氫氧化鈉才可產生皂化反應，最後才可形成酪梨天然皂。除此之外，在化學實驗室裡面也可以製作很環保的界面活性劑。唉，不過，「無化學添加物」的產品仍然穩坐銷售通路裡的暢銷冠軍。這就叫做「化學歧視」！一般社會大眾歧視化學這門科學，替它貼上許多負面標籤，而且毫無理由地抹黑它。我呼籲大家，停止歧視化學！

　　美妝產品的市場行銷手法才是真正導致化學歧視的亂源所在。身為化學家的我，必須強烈批評美妝品廣告內容的正確性。以近來很夯的廣告為例，幾乎所有的美妝潔膚產品、洗髮精及卸妝濕紙巾等個人衛生產品等，不管究竟是天然或合成，皆冠上「新型微胞科技」（Micelle）幾個大字。但界面活性劑特徵就在於疏水端結構，只要具備這項特點就一定會形成微胞結構，不對嗎？因此微胞科技的說法只不過是行銷噱頭罷了。未來或許會推出含有微胞結構成分的牙膏，搭配上廣告標語：「創新，創新。全新運用微胞結構科技之無氟牙膏！」唉呀！

　　有人按門鈴。原來是馬修。他剛結束慢跑，滿身大汗，心情超好。我又忌妒又良心不安。健身房昨晚傳訊息給我，標題是：「只要開始，永不嫌晚。」

　　馬修很瞭解我的心思，他嘻皮笑臉地說：「久坐和抽菸一樣致命喔！」

　　回他一聲「嗯」，我又坐回電腦前面。

4

久坐和抽菸一樣致命？

大家正悠哉舒服地坐著看書嗎？趕快站起來！因為：

「久坐和抽菸一樣致命。」

「凡久坐，必早死。」

「缺少運動的德國死亡人數是抽菸者的兩倍。」

我的工作經常需要出差，忙東忙西。相反的，宅在家裡的時候，我的屁股總是黏在椅子上，很少起身走動。最近我花很多心思與時間撰寫這本書，坐在電腦前的時間更變得有增無減。

只要待在家裡工作，我會和馬修同時起床，然後立刻打開電腦，「簡短地」回覆一些電子郵件。馬修早上七點去上班，傍晚六點回到家。對我而言，這段時間「颼」一聲就過了，彷彿僅僅一個小時。我可能已經整整工作了十一個小時，身上卻還穿著睡衣。因此，我知道自己應該多站起來活動活動筋骨。因為**科學**

研究已經證實：久坐和抽菸一樣致命。奉勸老菸槍們不要坐著抽菸，還是一邊吞雲吐霧一邊散步吧！

「科學證實之事」如果聽起來很瘋狂，那麼或許它的事實並不瘋狂，或者根本無法百分之一百通過科學的檢驗。以「久坐和吸菸一樣致命」這句話為例，它的確透露出一部分真理，不過卻也有些浮誇。先討論這句話糟糕的地方。

在科學領域裡，「久坐的生活型態」（sedentary lifestyle）經常與心血管疾病、肥胖、第二型糖尿病、癌症及憂鬱症劃上關聯。我真想知道，人類祖先一天裡有多少時間是坐著的？也想了解，人類祖先是不是一逮到機會就想坐在地上或是石頭上，因此才發明了椅子？還是說，久坐根本違反人類生物特徵，只是文明的（危險）產物？專家們傾向於支持第二種觀點。

巴德萊醫師在〈久坐等於新的吸菸〉（Sitting is the new smoking: Where do we stand?）一文中提及：

外星訪客對於現代人類的生活型態一定倍感驚訝，尤其是現代人類的身體活動量。在過去六百萬年的歷史當中，人類忙著狩獵及農耕。現在呢？大家待在舒服的辦公室室內空間裡，坐在舒服的沙發上，看著電腦螢幕。完全不想用腳走路。上下樓層，寧願等電梯。穿梭世界五大洲，一定選擇搭飛機。另一方面，外星訪客也會心存懷疑：同樣的這批現代地球人，為什麼不論颱風下雨都熱衷慢跑？他們為什麼願意花錢上健身房，努力費勁地做舉重鍛鍊呢？或是寧願在跑步機上跑得滿頭大汗氣喘吁吁？

　　唉，我也繳了健身房年費，只不過不常去罷了。我猜，很多健身房會員都和我一樣，僅僅掛名擔任「乾股東」。

　　事實的確如此，越來越多的現代人淪為慢性病（Non-communicable Diseases，簡稱 NCD）患者。慢性病並不會傳染，卻像「現代瘟疫」一樣大肆流行。這些疾病進程緩慢，屬於長期的慢性疾病。四大慢性病指的是：心血管疾病（例如心肌梗塞或中風）、癌症、慢性呼吸系統疾病以及第二型糖尿病。根據世界衛生組織的統計：全球七成一的死因來自於慢性疾病；在三十歲至六十九歲的年齡群當中，全球每年因慢性病之死亡人數高達一千五百萬人。寫這些告訴大家，不是為了破壞大家的好心情，而是為了告訴大家：大部分的這些慢性病是可以預防的。抽菸、飲酒過量、飲食失衡以及缺乏運動，就是最嚴重的風險因子。逆轉命運，操之在己啊！

　　眾人早就明瞭：運動有益健康，不運動對身體不好。幾乎動也不動的「沙發馬鈴薯」到處都是。這究竟有多危險呢？

簡化的科學有什麼不妥？

　　在網路上搜尋「久坐和抽菸一樣致命」，相關報導堆積如山。其中經常提到，即使規律運動也無法抵銷久坐的負面影響。（老天爺啊！既然如此，我也甭去健身房了。我每天幾乎都坐著，身體早就完蛋了！）重要的是：切勿連續坐太久。每個小時至少要站起來動一動，或者站著打電腦工作。不然的話，從健身

房或慢跑辛辛苦苦得來的健康促進效果會被扣光光。如此看來，久坐不僅僅是缺少健康的運動，更對健康有害。

這類說法究竟有何不妥呢？

我很樂意回答這個問題，但請大家瞭解：科學研究給的答案通常都又臭又長，而且不一定正確。我們會認為，科學旨於陳述事實，必須清晰明確。其實，並不盡然如此！科學家傾向於運用數字及測量值來呈現研究結果，但解讀數據卻是一門相當複雜的學問，未必每次皆可解釋清楚。某些情況下，必須透過實驗加以推測及驗證。不過，推測並不等同於事實，最多只是「有科學憑據的推測」。

基本上，眾人傾向於認為：「經過科學證實的論點等於就是事實。」但被證實之事並不等同於事實，只不過是合理的推測罷了。其中部分觀點可能被視為「真」，但之後也可能被其他研究推翻。想學習科學思考的方法嗎？那麼，請你不要輕信簡化過的答案。

舉個例子：我邀請同事來家裡晚餐。保羅是第一次來。我既不清楚他喜歡的口味，也不知道他的飯量。那天晚上的主菜是備受眾人青睞的義大利燉飯。大家吃得盤底朝天，頗符合我的期待。雖然保羅也一直讚美桌上的食物，但只有他一個人沒吃完。

疑問：為什麼保羅沒把燉飯吃完？

可能的回答包括：

他不喜歡燉飯。

或者，他肚子還不餓。

或者，他飯量小。

或者，他正在減肥。

大家可能會給出這些簡單明瞭的答案，對不對？

唉，如果問科學家這個問題，他們的回答可能是如此：

和當晚其他同事的飯量相比，保羅的飯量比較小。保羅可能吃得比一般人少，或者其他同事都是「大胃王」。一直以來，其他同事們享受的燉飯量通常都比較多，只有保羅一個人吃不完。綜上所述，明顯的證據顯示：此事起因於保羅異於常人的飲食行為。

很多不同的原因都可能引起保羅的食量低於平均。其中一項可能原因是：保羅對於飢餓的感知能力低於一般人。不過，有關這項原因，目前尚待釐清。另外，也可能是因為保羅湊巧吃了太多午餐，或他習慣只吃少量的晚餐。

另一個原因可能與保羅的口味喜好有關。他可能不喜歡義大利燉飯的口味，因此一律拒絕品嚐義大利燉飯，或他特別討厭玉米義大利燉飯。不過，為什麼他還讚美我做的燉飯呢？基於以往累積的觀察經驗，我們知道：這類的恭維只不過為了討好主人，強化正向的社會互動關係，未必符合事實。或者這是社會標籤。目前缺乏有關保羅平常飲食習慣的資料，也不瞭解他的社會行為，因此務必謹慎地採用社會互動觀點的詮釋。

保羅當晚的行為成因亦可能來自於數項原因之加成效果，但目前無法確定有哪些相關的影響因素。必須進行後續研究，加以釐清。

　　大家還清醒嗎？還是已經睡著，自動停止思考了呢？科學期刊裡的文章大約就是這種形式。真的！我發誓，沒騙你們！但原則上，報章雜誌裡的科普文章就不是這種調調。當然，這得歸功於科學新聞記者的妙筆生花。不過在詮釋科學研究結果時，科學記者們也可能過於簡化或取材錯誤。

　　問題在於，我們很難只憑科普報導來判斷真正的研究結果。當然，我們可去查閱原始文獻。但科學文獻裡充斥著專業術語，根本就艱澀難懂！而且科學文獻乃以專業語言為基礎，充滿鉅細靡遺又層層分化的文字堆疊。你我想從其中找出重點，簡直比登天還難。相較之下，前面那段有關「保羅與燉飯」的專家說法還算淺顯易懂。但請問大家，有誰能彙整出那段內容的重點呢？不容易吧！對不對？

　　科學文獻的閱讀難度高，一般人無法駕馭。加上部分科研結果並未向社會大眾公開，必須付費才可取得閱讀權限。在種種原因背景之下，媒體開始促成科學與公眾之間的交流。透過這樣的解釋，大家能夠瞭解優質科學媒體的重要了吧？

　　但記者們也心知肚明，媒體喜歡簡潔的答案以及俐落的標題。如果能夠列出既簡單又戲劇化的大標題，更讚！就是因為這些原因，坊間才出現了例如「久坐等於新的吸菸」等駭人聽聞的字句。

怎麼「坐」？怎麼「動」？

　　全世界的媒體曾經一窩蜂地報導久坐風險。最後，甚至有科學家開始研究這個現象。一群澳洲科學家分析將近五十篇關於久坐風險的報導（網路與平面媒體報導）。他們發現了一些挺有趣的事情：

第一：久坐有損健康。

　　大約三分之一的報導都得到這項結果，而且久坐會抵銷掉運動對健康帶來的加分效果。憑藉這些數據，媒體就可以宣稱久坐和抽菸一樣致命嗎？簡單地說，不可以！如果你剛剛嚇得站了起來，請安心坐下。事實上，另有其他科學證據指出，運動有助於改善久坐對身體的負面影響。建議常常坐著的人每天走路一至一個半小時。需要每天運動嗎？還是可以集中在某一天？或像所謂的「週末戰士」一般，只在週末運動兩天就可以改善久坐造成的健康風險了嗎？（一週「只」運動兩天，唉！寫著寫著，我又開始良心不安。）

　　關於「久坐有害健康」這件事的報導，也可能引起不同的反應，相當地麻煩。例如一部分民眾看見「久坐和抽菸一樣致命」的大標題，會嚇得找出慢跑鞋趕緊出門運動。不過，這群人本來就會在大魚大肉之後上健身房去做甩肉大作戰。另一票人則完全不想動，心想：「變這麼肥，現在再去健身房也沒用！」我就是這麼想的。

　　基於科學觀點，久坐的風險的確一直遭到低估。在考量運動這件事情的時候，應該一併納入久坐因子。科學亦已證實：運動多，並不代表坐的時間少。再仔細看看週末運動者的研究，久坐者如果必須再減少多一點坐在椅子上時間，才可以達到和每週運動一兩天相同的健身效果。你認為自己會選擇少坐一點、每天出門散步一次、還是每週積極運動一次呢？哪一項任務最容易做到呢？

　　這和減肥餐的道理同出一轍。減肥餐之所以有效，就是因為人們願意堅持下去。個人認為，用這個基礎來詮釋科研結果才更具建設性。亦即在有益健康的運動範圍內，增加「減少久坐」這個活動項目！對於不想運動或無法運動的人來說，這代表著嶄新的契機。不過，「久坐和抽菸一樣致命」這個標題當然比「少坐，就是新運動」來得聳動許多。

第二：「此」久坐非「彼」久坐！久坐與健康之間的相關因素很複雜。

　　四分之一的報導強調，辦公室上班族特別容易久坐傷身。想當然爾，上班族坐在辦公室裡的時間很長。統計發現了一些有趣的現象：同樣都是坐，但「此」坐非「彼」坐也！坐在辦公室比坐在電視機前面來得健康。嗯，什麼意思？是指辦公室上班族不必因為久坐而良心不安，但坐著看電視的人必須小心自己的健康會亮起紅燈嗎？

　　事實不然。統計數字呈現的未必就是真正的事實。請慢慢聽

我道來：上班族擁有較佳的社經背景及教育程度，且可負擔較為優質之生活條件。基本上，上述三大因素以及良好的財務狀況等皆有助於個體擁有較佳之身心健康狀態。

相反的，統計數據顯示：較低社經地位、較低教育程度以及較常失業者，觀賞電視的時間較長。這些因素與身心健康及飲食健康之間呈現負相關。例如，電視族看到垃圾食物廣告的比例較高。現在你們瞭解了吧？這一切是多麼的錯綜複雜。人數統計，很簡單。但從這些數據當中，無法推論出久坐有害健康。換一種說法，雖然電視族傾向於容易罹患慢性疾病，但這並不直接表示久坐等於致病因子。

唯一能夠確定的就是：慢性病和社經背景之間呈現高度相關。就全世界而言，八成的慢性病患者來自於貧窮國家。

因此，從國際數據來看，上班族並非最大宗的慢性病患群體。那麼，媒體為什麼要強調上班久坐容易傷身呢？或許是媒體工作者自己想在寫稿之餘偶爾走出去抽根小菸休息休息吧？

第三：運動量的影響因素很多元。每個人必須為自己的運動量負責。

九成以上的報導都指出這一點。之前提過，每個人都可以主動出擊以降低慢性病風險，因為最大的幾項風險因子都是可以事先預防的。關於這一點，我必須在此仔細說明，避免犯下大多數這類科普文章的錯誤。

影響運動的因素五花八門，包括意志力、社經條件、影響社

經地位的相關因素、健康促進政策等等。就我個人而言，意志力薄弱是我懶得運動的主要原因，而我的意志力又受到許多其他因素的影響。除此之外，我擁有一定的經濟能力，能夠負擔健身房會費。（哈哈！我似乎有錢過了頭，有時候甚至連昂貴的會費都無法激勵我去運動，唉……）。加上獨立自由記者的身分，工作室裡既無老闆亦無同事，如果我每小時都站起來做開合跳，也不會有人翻白眼。怎麼樣？我的自我感覺很良好吧？心理健康的我，如今也願意好好地運動運動，照顧一下自己的身體健康。

「有什麼嘛？不過就是多動一動而已！」唉！這句話真是說得容易做得難。而且對許多人而言，實踐這句話簡直難如登山。之前提過，在全球慢性病患者當中，百分之八十來自於貧窮國家。其致病因素多半與意志力無關，而在於社經狀況以及其他受社經地位複雜影響的其他因素。

慢性病防治的面向很多元。例如從衛生教育開始，然後延伸至實際的運動健康促進，例如倡導將運動元素納入工作日常當中，例如使用折疊式桌椅或在上班時間裡加入運動單元。

上述這些內容和我的日常生活有什麼關聯呢？在完成這本書之前，我想我不會常上健身房，但良心掙扎會少一點。因為我決定徹底執行下述計畫：每小時站起一次，然後做二十下開合跳。或者晚上出門散散步。或者兩項都做。

科學研究結果可以應用在日常生活當中嗎？當然可以。大家可以自行規劃，尤其必須做好心理準備，拒絕接受簡化過的答

案，盡可能從不同的角度來審視議題。因為只有全盤瞭解之後，才可以好好做出決定。所以啦，我現在要休息一下，做些運動！大家一起來，一起動起來！

5

自然就是「亂」！

　　我常常被問：「除了當 YouTuber 之外，你還忙些什麼？」大部分的人都認為，除了製作播放科普影片之外，我一定另有事業。這雖然是事實，但全然因為自己的瘋狂。每週製作一個科普影片，已經是相當忙碌的全職工作了。除了拍片及剪輯之外，還須花相同的時間，甚至更多的時間去搜尋資料以及撰寫影片腳本。沒有光纖網路之前，我甚至必須花一整天的時間上傳影片檔案。影片檔案很大，通常好幾 G。上傳時的網路速度如果不夠快，還不如把檔案存入隨身碟，再請郵差先生送到 YouTube 平台呢！例如我剛剛才剪好影片，正準備上傳。我的 YouTube 影片每週四早上六點半上線。有時候，我一直工作到凌晨才完成整支影片。上傳之後，設定自動播放。因為我多半在晚上及凌晨製作影片，才有時間在白天「搞外務」。現在，也不過是星期三下午。

　　拍影片的時候，我的書桌偶爾也會入鏡。這時的書桌看起來「理所當然」地一塵不染井然有序。哈哈，不過這個門面只是假象罷了。我的書桌會很規律地從乾淨變得超亂，亂到讓我自己都覺得尷尬。基本上，我還挺愛整齊的，某些方面甚至一板一眼很有秩序。例如所有在電腦裡的行程表、電子郵件等都整理得井然有序；衣櫥裡的衣服甚至也按照顏色歸類排列。不過在其他日常生活方面，維持紀律對我而言卻很費勁。目前我在家工作，再髒再亂也沒人在意。因此，混亂開始定期大爆炸。雖然原則上我很歡迎朋友來家裡玩，但禁止他們不請自來，因為家中可能處於「渾沌期」一團混亂。

　　只不過，為什麼會因為亂而覺得尷尬呢？我認為，這之間並不存在邏輯因果關係，何必覺得丟臉呢？有人可能反駁說：「連一張書桌都管理不好，怎麼管理自己的生活啊？」大家同意這種說法嗎？我並不會讓混亂這件事情影響自己的工作，因為我最討厭工作沒有效率。在混亂的書桌上，我仍然知道東西放在哪裡。一旦必須開始花時間找東西，就表示自己應該整理書桌了。花在整理書桌的時間幸好不長，基本上算是符合時間經濟學。這說法很邏輯吧？我不是「混亂達人」，只是追求「實用主義」罷了！

隨機對照試驗

　　我必須承認，維持秩序似乎是人類的基本需求。科學已經證實：秩序與人類行為息息相關。心理學家李簡奎斯特（Katie

Liljenquist）將受試者分成兩組，分別停留在兩間擺設完全一致的房間；房間 A 沒有特別的味道，房間 B 有檸檬芳香的空氣清淨劑味道。在看過一段預先準備的影片之後，發現在 B 房間裡的受試者顯得比較公平且比較大方，而且讓人驚訝的是：B 房間裡的受試者比較樂意捐款給慈善機構。空氣清淨劑的檸檬芳香氣味能影響人類的行為嗎？這是來自於與空氣清淨劑的聯想？還是檸檬香氣真有奇效？

幾年後，另一位心理學家沃斯（Kathleen Vohs）想更進一步瞭解這個議題。她請兩組受試者分別待在整齊的房間裡與另一間雜亂無章的房間裡。並請兩組受者完成互不相關的任務，並填寫問卷，紙本問卷下方印著請大家響應慈善捐款等字眼。沃斯得到和李簡奎斯特相似的結果，她發現：道德和秩序會連帶出現。整齊房間裡的受試者明顯地樂意捐出較高的金額。實驗結束前，研究者提供受試者蘋果及甜點（二擇一）作為休息時間裡的小點心。很明顯的，整齊房間裡的受試者多半選擇蘋果；雜亂房間裡的受試者往往選擇不健康的甜點。這樣看起來，人類似乎需要秩序與框架，來讓自己的行為符合社會規範。

我很喜歡談一些心理學的研究，它們的故事張力比化學實驗優秀太多了。心理學實驗經過重複之後能夠得到相同的結果嗎？這就是所謂的「實驗再現性」。它的意思就是：運用同樣的實驗方法，只是換另一批受試者，會得到相同的結果嗎？遺憾的是，心理學研究的實驗再現性並不高。再悲觀一點的回答是：幾乎很少一致。

　　二○一五年的時候，兩百七十位科學家參與一項共同的計畫。他們挑選出九十八項已經發表過的心理學研究，然後加以重複。他們得到與原始實驗相同結果的比率少於五成。委婉的說法是，這結果無異「當頭棒喝」，為何如此呢？粗俗的人可能會說：見鬼啦！這搞什麼飛機啊？

　　關鍵在於**科學的研究方法**，亦即實驗數據的收集與分析方式。你對科學感到興趣嗎？那麼請記住：**倘若研究過程不透明，研究結果即不足以採信。**

　　讓我們深入討論一下這個議題。假設製藥公司研發出一款新藥，必須進行臨床實驗研究藥效。最佳的方式就是進行所謂的**隨機對照試驗**（Randomised Controlled Trial，簡寫為 RCT）。這聽起來很困難，不過有必要詳加瞭解。尤其當你日後在網路上替「新研究結果文」按讚轉傳分享之前，請務必檢查該項研究是否採取隨機對照試驗方法，其研究結果可信度又如何。

　　先來了解一下隨機對照試驗。基本上，大家都能瞭解什麼是研究調查，對吧？但是，為何「此」研究非「彼」研究呢？原因就在那兩個形容詞。一起仔細看看吧！

　　先看「對照」。為了搞笑，就將上述的藥物試驗研究的題目暫訂為：抗拖延症藥物之藥效研究。拖延症指的是延遲需要完成之事或任務，而且往往延後到幾乎來不及完成為止。（事實上市面還沒有這種藥。如果你們真的能夠研發出來，一定會發大財。）大家考慮如何進行這項研究呢？

　　經過實驗研發、細部的細胞生理學測試、動物實驗等等，

這項藥物已被批准進入臨床試驗階段。這時，研究者會盡可能讓許多受試者服用此藥，並觀察其拖延症症狀。但這樣的做法還不算及格，更需要的是進行所謂的「對照實驗」，將全數受試者分為實驗組及對照組（又稱控制組）。對照組服用的並非真正的藥，而是所謂的安慰劑（Placebo），不含任何有效的藥物成分。不過，他們認為自己正在服用有效對抗拖延症的藥物，因此不推延，工作變得更有效率。此乃所謂的**安慰劑效應**。當我們知道（或相信）藥物能夠奏效，便在心理上有所期待，經常會出現符合「自證預言」的行為。亦即會出現期待的結果。

實驗組服藥後，平均變得十分工作努力，而且顯著勝過服用安慰劑的對照組受試者。如此一來，方可肯定此項藥物之藥效。缺少對照組的實驗研究，不具任何科學價值。

以抗拖延症藥物做為範例，大家是不是很快就能瞭解為什麼安慰劑效應在這當中扮演著重要的角色？努力工作的動機來自於心理層面，不過也可以是自我幻想（生理學議題，請見本書第七章詳述）。在臨床醫療狀況下，例如使用止痛藥物、抗敏藥物或抗高血壓藥物的時候，經常會出現安慰劑效應。事實上，我們應該隨身攜帶一些安慰劑小藥丸，當成「萬靈丹」提供給臨時出現健康狀況的朋友。假設朋友突然覺得頭痛欲裂，那麼你就可以給他一份安慰劑，並宣稱：「我剛好有頭痛止痛藥。你拿去吃吧！」安慰劑當然對所有的毛病都有效。你可以說：「我這裡湊巧有一包胃藥」，或是「這是植物成分的鎮定劑，還蠻有效的！」

另一方面，則是所謂的**反安慰劑效應**，是負面的安慰劑效

應。指的是負面的預期所產生的自證預言效果，有可能引發疾病或影響治療效果。在臨床試驗階段，會有一些受試者因為副作用而不繼續參加實驗，只不過他們並不知道他們會分配在對照組，服用的都是沒有藥效的安慰劑，根本不可能出現負面的副作用。以食物過敏患者為例，若用生理食鹽水針劑充當安慰劑，明明無害的生理食鹽水裡面並不含任何過敏原，但有些患者卻會出現如假包換的過敏反應。

受試者必須分成實驗組及對照組兩組，而且研究者必須謹記安慰劑效應及反安慰劑效應這兩大重點。另外，關鍵在於切勿讓受試者知曉自己的組別，甚至也必須向研究者保密。在執行研究計畫、日後取得數據資料並進行分析的時候，研究者並不知道分組名單的內容，也就是完全不清楚哪些受試者服用的是安慰劑抑或真正的藥物。科學家也是凡人，不論刻意或無心，他們對於實驗的期待也可能會左右數據分析以及真正的結果。你相信自己絕對不會竄改數據嗎？關於這一點，科學家不應該過於自信。因應研究者人性缺點的科學方法，就是採用所謂的「盲測」。「雙盲實驗」（doubleblind study）指的是：對於哪一組是對照組以及哪一組是實驗組，研究者和受試者皆全然不知情。只有在完成數據分析之後，才允許「解盲」。

臨床試驗的優質指標之一就是「對照」，當然最好搭配上雙盲實驗設計。現在，繼續談談什麼是「隨機」。有一次，我在科普影片中提及「隨機對照試驗」，把英文「random」這個字翻譯成德文的「zufällig」，有些人認為這樣的翻譯並不優。隨機並非

偶然，而是刻意地讓偶然形成。這是什麼意思呢？

　　以抗拖延症藥物試驗為例。試驗目的在於確定藥效，當然就是因為研究者希望這項新藥有效。於此前提之下，研究者可能為了達成一己心願而有意無意地操弄分組；例如將原本就工作效率高而且雷厲風行的受試者分配至實驗組，然後將經常拖拖拉拉的受試者分配至安慰劑對照組。這等於是「造假」。為了避免這類的竄改，建議將受試者利用電腦自動隨機分組。如此一來，研究者就無法影響分組過程。

所謂研究調查結果可信嗎？

　　為什麼隨機對照試驗是最佳的臨床試驗方法呢？大家現在總算瞭解其中的原因了吧！不過，雖然採用了最棒的研究方法，卻不保證一定能獲得簡單明瞭的結果（第四章提過），因為藥物及人類生理之間的關連相當錯綜複雜。連最棒的隨機對照研究有時候都無法成功重複之前的研究，並再現相同的結果。

　　心理學研究的實驗再現性都不高。並不是因為心理學家工作差勁，而是因為心理學的研究方法不像醫學研究法那樣滴水不漏。心理學研究鮮少採用隨機對照法，而傾向於透過問卷方式詢問受訪者的個人說法。然而，受訪者值得相信嗎？

　　關於這個答案，大家都心知肚明吧？只不過，心理學家目前還找不出更好的方法來研究人類的內心深處。鉅細靡遺的訪談以及心理評鑑容易出錯，因為質性研究結果並不像量化測量一般能

夠獲得數字數據。因此可以瞭解，為什麼心理學研究不容易再現相同的研究結果。而且，此類研究需要某數目以上的受試者或受訪者人數，俾便進行統計分析。優質研究的指標之一，在於盡可能收集大量參與者的數據。必須找到恰當的研究方法，而且是可落實、可再現的研究步驟。在此前提之下，研究過程才算得上正確，研究者也不會覺得良心不安；縱使有誤，亦在方法學可衡量的範圍之內。如果大家的工作與敘述及分析科學結果有關，容我再三提醒大家留意研究方法。請留意：該項研究利用哪些步驟、工具及方法，才得出其結果。單單只看結果，很容易出錯。我說這些話，並不是認為所有的心理學研究都是垃圾，而是希望鼓勵大家對「檸檬芳香空氣清淨劑有助於品德高尚」一類的說法，抱持嚴謹且批判的態度。譬如，當我們聽見這句號稱研究調查結果的時候，會認為它有趣，但不會盲目相信並大動作地表示：「這樣啊？那麼，我得趕緊去買這種香味的空氣清淨劑，噴一噴孩子的房間！」

遺憾的是，許多研究急於找出研究結果之應用價值。這樣的做法並不正確。譬如「井然有序利於提升道德行為」之類的說法與防制犯罪的**破窗效應**（Broken windows theory）有些不謀而合。這項理論指出：嚴重罪案的源頭在於向馬路丟棄垃圾、在牆上胡亂塗鴉、或打破窗子等看似無害的「小奸小惡」。破窗理論強調打擊輕微罪行，以減少嚴重犯罪。因為秩序有助於防治犯罪。

這項做法曾經引起爭議，目前仍爭論不斷。因為對小奸小惡懲罰過重，並無法證明打擊輕微犯罪能夠真正降低重大犯罪率。但有些人引用檸檬芳香空氣清淨劑實驗，堅持井然有序能提升道德行為的「科學研究結果」。殊不知，科學研究結果只是依據科學證據做出推測，未必能夠直接應用。

心理學家沃斯及同事繼續思考，人類的行為如果真的需要秩序與框架來符合社會規範，那麼為什麼會出現混亂的情況呢？難道說，人類既需要秩序，也需要混亂嗎？沃斯邀請兩組受試者在兩間相同的房間裡停留，其中一間井然有序，另一間雜亂無章。依據該項研究結果，沃斯推測認為：混亂讓人充滿創意。

請大家發揮創意，完成下述作業。請想像：你們擁有一間乒乓球工廠。近年以來，打乒乓球的人愈來愈少，公司面臨破產危機，必須轉型。請想想，乒乓球還有哪些用途？天馬行空的發想、瘋狂的想法、新創意、甚至難以實現的點子……什麼都可以。

這是沃斯在研究過程中給受試者出的題目，一字不差。待在雜亂房間裡的受試者，提出的意見較具創意，且不落俗套，例

如利用兵乓球做為製冰模具或分子模型。核心的創意能力即在於「跳 Tone 思考」、突破尋常脈絡，或將不相干的事物重新組合。混亂似乎有助創意泉湧。

　　在另一項實驗中，沃斯提供兩組受試者兩款分別貼著「古早味」或「新口味」標籤的水果冰沙。整齊房間裡的受試者多半選擇古早味，雜亂房間裡的受試者傾向於嘗試新口味。混亂的環境鼓勵人們去接受陌生、非傳統的新事物。心理學家沃斯認為，亂七八糟也是有優點的。如果缺乏創新思維，一昧拒絕接受新事物，鼓不起勇氣突破，科學研究怎麼可能進步呢？藝術又怎麼可能發展呢？這是我針對上述「混亂與創意」心理學研究結果謹慎的思辨與批判。哈哈！尤其當不速之客上門發現我家一團亂的時候，我就會巧妙地引述這些論點。

外太空中的莉亞公主

　　本行化學的我，喜歡從熱能觀點來看混亂這件事。**熱力學**（Thermodynamics）結合物理學與化學，是一門很棒的科學。熱力學定律就是分子運動的法則，並不將分子細分為不同種類的粒子。因為不論是氧氣分子或是黃金原子，它們的運動方式並無差異。事實上，熱力學主宰著世上萬事萬物，包括：所有的生物、物件、分子、原子，以及所有的物理與化學作用。

　　嗨！大家！你們想認識地球以及整個浩瀚的宇宙嗎？相關最基礎的科學知識就來自於熱力學以及量子力學。熱力學指出：

宇宙不僅是一團混亂，而且是必須混亂無序。如果空氣分子不是混亂地分布在這個房間裡，而是整齊地聚集一處排隊，我卻湊巧坐在另一邊，那麼我在結束這句話之前可能就窒息上西天啦。大家是不是認為我又在胡思亂想？但這真的荒謬嗎？

空氣的組成成分裡面，百分之七十八是氮氣、百分之二十一是氧氣，再加上百分之一的惰性氣體與雜質。我書房裡空氣分子的體積，甚至小於書房總體積的百分之一。其他就什麼都沒有了！

以人類小拇指最頂端的指節為例，它或長或短各不相同，平均體積為一立方公分。體積為一立方公分的空間裡，容納著 2.6×10^{19} 個空氣分子。

當然，空氣分子也有重量。一個超迷你的空氣分子無足輕重，但一立方公尺體積的空氣分子總重量約為一點二公斤。此乃所謂的**空氣密度**（density of air）。

空氣分子不僅有重量，還會移動呢！環境中的溫度會決定空氣分子的移動速度。本書第一章曾提過：咖啡杯裡的咖啡溫度越高，咖啡分子的移動速度越快。在室溫狀態下，氣體分子的移動速度超過每小時一千公里。簡直如同狂風暴雨般迅速。大家或許會問：空氣分子的移動那麼快速，會造成壓力嗎？的確如此。快速運動的氣體分子不斷地相互碰撞或碰撞容器壁面，就會形成壓力。壓力就是氣體對某個平面持續撞擊所造成的力量，亦即所謂的**氣壓**（Atmospheric pressure）。常用的單位是巴（bar）。空氣氣壓相當於每平方公尺一萬公斤的力。

假設我頭上的面積是 0.1 平方公尺，那麼就表示我必須承受將近一千公斤的氣壓，相同於一公噸。這幾乎是一台轎車的重量。空氣分子的氣壓壓在每一個人的頭上，但為什麼我們一點感覺都沒有呢？

因為人體也是由分子組成，人體內部也存在著壓力（例如血壓等）。這個壓力與外界的大氣壓力相當，讓我們幾乎感覺不到大氣壓力。但外在環境的壓力一旦出現了變化，我們耳朵裡的鼓膜會立刻迅速反應。鼓膜是分隔外耳及中耳的一道薄膜。平時只要耳朵內外壓力維持相等，鼓膜毫不顯眼。不過，例如在飛機下降或起飛的時候，外界氣壓產生變化，我們會覺得耳朵怪怪的。外界氣壓變大，外界的空氣分子會猛力碰撞鼓膜，導致鼓

膜內凹，引發疼痛感；外界氣壓下降，耳朵內部的氣壓大於外界氣壓，空氣分子朝外碰撞，導致耳膜凸起，讓人覺得耳朵悶悶的，好似被塞住了一般，聽不太清楚。幸好，耳朵內建了「紓壓」通道，亦即所謂的耳咽管。耳咽管是連結「耳」以及鼻子後方「咽」部的通道，只在咀嚼、打哈欠及少數時刻裡才會打開。其功能在於維持耳膜內外壓力平衡。

　　隨著飛機飛行高度逐漸增加，周圍空氣益漸稀薄，亦即空氣密度越來越低，機內乘客便會察覺內外壓力的變化。但如果飛行的目的地是外太空呢？

　　厚厚的地球大氣層裡充滿著野性衝撞的空氣分子。但在除了地球之外的宇宙裡，幾乎沒有空氣。浩瀚宇宙，近乎全然真空。**真空**是物理現象，指的是一種不存在任何分子或任何物質的空間狀態。在沒有防護衣的情況下被丟進外太空，結果會如何呢？當然是死路一條囉。不過，有趣的問題是：在真空中，究竟具體會發生哪些事情呢？

　　很多科幻片都曾出現這一幕場景。例如在《星際大戰八：最後的絕地武士》裡，莉亞公主的艦橋遭到攻擊，她被拋至寒冷的外太空，她的身體當下似乎急凍，皮膚上突然布滿結晶冰柱。星際大戰的粉絲們批評這一段超級不真實，因為莉亞公主使用原力飛回船艙，最後被救倖存。我也認為這段不真實，因為不論外太空溫度低得多麼不可思議，人體在外太空的環境中根本不可能迅速結凍。既然提到「不可思議的低溫」這幾個字，就讓我們來談談：最最最低溫的**絕對零度**（Absolute zero）概念。

真空

　　第一章曾經提到：物體的冷熱溫度可視為物體內粒子運動的劇烈程度，亦即粒子動能。因此「寒冷」的同義詞就是「粒子運動緩慢」。絕對零度是熱力學的理論值，寫做 K，指的是最低粒子動能點時的溫度。絕對零度等於攝氏零下 273.15 度。**熱力學第三定律**指出：任何系統的溫度皆無法達到絕對零度（0 K）或低於絕對零度。外太空的溫度為 2.7K，亦即攝氏零下 270.45 度。遇上這種溫度，哪可能不凍死？

　　這與我們在第一章討論過的內容有關。降溫其實就是透過熱傳導。在熱能從高溫向低溫轉移的過程中，分子必須撞擊其他分子，傳遞振動能給其他的分子。彼此接觸的分子數目越多越好，因為這代表著：參與撞擊的分子數目越多，熱傳導的作用就越好。例如臨時想喝冰可樂，放在冰水桶裡的效果會比放在冰塊桶裡好。因為冰水裡是水分子，冰塊與冰塊中間則是空氣分子；和水相比，空氣裡的分子數量較少，發生碰撞傳遞能量的機會也較少。順帶一提，如果家裡臨時來了不速之客，把可樂放入冰水桶裡的這一招很好用，讓主人很快就可以幫客人奉上冷飲。千萬不要直接把可樂放進冰箱裡，這樣需要的降溫時間最久，因為空氣的熱傳導效果很差。

人體會在真空中爆炸嗎？

　　在外太空的真空環境裡，熱傳導的能力更差。因為缺少能夠傳遞熱能的載體分子，僅可透過**熱輻射**（Thermal radiation）來改

變溫度狀態，但過程緩慢。也就是說：雖然外太空裡的溫度接近絕對零度，並無法讓人體瞬間凍結。

等等！在真空環境裡，不存在外部壓力；若無太空衣防護，一旦進入外太空，人體體內壓力是否會導致身體爆裂開來？YouTube 裡有段實驗影片：實驗者將「巧克力塗層棉花糖」放在真空鐘罩下方，然後逐漸抽空鐘罩內部空氣，模擬真空環境。外面的巧克力塗層慢慢裂開，裡面的蛋白霜開始膨脹，然後東倒西歪。幸好，我們不是這款甜點！而且人類的皮膚及組織還算牢靠，能保護我們的身體不會在真空當中自體爆炸。

在真空環境當中，人體雖然不會戲劇化爆炸，卻依然會出現高度的不適感。在海拔一萬八千或一萬九千公尺處，我們會感覺自己全身「熱血奔騰」。其關鍵在於體液沸騰（Ebullism），拉丁字字源為 ebullire，意思是泉湧而出。聽起來很酷，症狀卻讓人超級難受。在超過一萬八千公尺的高海拔處，體液開始汽化或開始冒泡，例如淚液首先汽化而導致視線模糊，嘴巴裡的口水開始冒泡沸騰，皮下組織體液沸騰之後，導致全身腫脹、血液循環及呼吸功能下降、血管阻塞，無法輸送氧氣至各器官，導致譬如腦部缺氧而變得意識模糊、肺部腫脹等等。怎一「慘」字了得？唉，與其在真空環境中體液沸騰，還不如趕緊回到有空氣壓力的地方，我寧可頂一台轎車在頭上！

但是，體液為什麼會開始沸騰呢？沸騰就是汽化，從液體變成氣體。原則上，兩種方法能導致沸騰。一是加熱法。本書第一章提過：在煮開水的過程當中，水分子的運動動能增加；等到

水分子活潑好動到某種地步，不想和其他水分子待在一起的時候，水分子就跑掉，揮發成為氣體。二是減壓法。這個方法同樣能讓液體變成氣體。在海平面的大氣壓力下，水的沸點是攝氏一百度。但在海拔 8848 公尺喜馬拉雅山脈的珠穆朗瑪峰山頂上，因為氣壓低，沸點降至攝氏 70 度。水之所以呈現液態，原因之一在於水分子彼此之間的引力；另一原因則是當水分子汽化時，必須配合當下的空氣壓力條件。空氣分子環繞著我們，存在著一定的氣壓；同樣的，鍋子裡的水分子也必須承受空氣壓力。如果我帶著鍋子登上珠穆朗瑪峰，那裡空氣稀薄，空氣分子較少，因此鍋內水分子承受的空氣壓力也比較小。氣壓越小，水分子越有「如釋重負感」，因此越容易離開鍋子，汽化成為水蒸氣。比珠穆朗瑪峰高出兩倍多的海拔一萬八千或一萬九千公尺高空中，空氣稀薄到沸點只剩下攝氏 37 度左右。外太空裡沒有空氣，空氣壓力等於零，代表水分子可以輕鬆汽化，絲毫不費吹灰之力。身體裡，尤其是肺部裡的水都汽化了，肺因漲滿空氣而腫脹。

　　影響氣體體積的因素包括一、溫度，及二、壓力。先談談第一點：在壓力固定的前提下，定量氣體的體積與溫度成正比。亦即，**溫度越低，氣體體積越小；溫度越高，氣體體積越大**。做個小實驗，即可明白這項定律。將尚未吹氣的氣球套在瓶口，留意接口處密合，不洩氣。將瓶子放入水盆，隔水加熱，即可發現氣球逐漸「充氣」至漲滿。將瓶子改放至冷水盆，氣球則逐漸「消氣」。

　　第二點：定溫情況下，定量氣體的壓力與其體積成反比。吹

氣球的時候，氣球內的空氣分子會增加，撞擊氣球內壁的強度也會增加。氣球的大小不僅取決於吹進去的空氣數量，更與外部氣壓有關。如果外部氣壓減小，氣球即可繼續膨脹。在外太空真空環境中，因為沒有外部抗衡的氣壓，所以氣球真的會持續漲大，直到爆炸為止。

在家實驗 No. 2

把氣球套在
瓶口上

瓶子隔水加熱，氣
球逐漸「充氣」至
漲滿

改放到冷水中，
氣球逐漸「消氣」

　　如果有人把我丟到外太空，我可能出於直覺停止呼吸。外太空裡環境氣壓為零，因此在我肺部的氣體體積就開始無限制地變大，直到肺臟被擠爆為止。所以，最好趕緊吐氣。不過，也無所謂了，無論如何都是死路一條。

　　就算因為皮膚和身體組織的保護，人體不至於爆裂開來，但也命不久矣。一九六〇年代的時候，一位名叫李布蘭克（Jim LeBlanc）的太空人在一次空氣艙實驗中，由於太空服漏氣導致

他暴露在接近真空的環境裡。昏迷前，他記得自己的嘴巴奇癢，因為他的口水開始冒泡沸騰。幸虧其他隊員及時援助，並未遺留下健康損害。

在外太空環境中，人體不僅會出現體液沸騰及體內空氣膨脹的現象，更糟的是會先死於氧氣不足。這說法一點都不誇張。幸好，大腦缺氧數秒之後，人就會昏迷不醒，對之後的苦難全然不知情。講述這麼一長串，只是為了告訴大家，我贊成網民對於星際大戰八的批評。在外太空的真空環境裡，莉亞公主應當立刻暈了過去，怎麼可能集中精神施展原力？這完全不符合科學事實。

另外，大家可能會問，屍體在外太空裡會怎麼樣？答案是：不會怎樣，幾乎不會發生任何事情。因為地球上有氧氣、水分、溫度以及微生物的化學作用，所以屍體會被分解腐化。但在真空狀態的無垠宇宙中不存在任何物質，屍體得以妥善防腐。如此看來，浩瀚宇宙總算有些優點！

宇宙至高無上的混亂法則

外太空議題有些驚悚，讓我們還是返回地面吧。大家，我們還真是超級幸運呢！以我為例，我坐在書房裡上傳影片，周圍環繞著足夠的空氣分子。雖然四周門窗緊閉，空氣分子跑不出去，但它們可在書房裡自由移動，移動的方向並無限制。理論上，它們可能在同一時間裡聚集於書房另一處，導致我在書桌這側窒息而亡。這種可能性的確存在，發生機率卻非常低。在物理化學的

領域裡，我們甚少談論「可能」或「不可能」，僅僅考慮**機率**問題。順便一提，物理化學家私底下例如也會說：「我跑完馬拉松比賽的機率很低！」並盡量避免「我不太可能跑完馬拉松！」之類的說法。

　　還記得我們在第一章裡曾經學過熱力學第二定律嗎？這個定律指出，空氣由高溫處往低溫處移動，而不是恰相反。所以，大家應該說：「趕快把門關起來，溫暖的熱空氣會跑出去啦！」這句話背後隱藏的就是機率問題！改成一般的通則，即為：**若無外力介入，一切只會變得更加混亂**。能量自然擴散或變化的機率非常高，系統傾向於從「有序狀態」變成能量分散的「無序狀態」（「混亂狀態」）。這條自然法則不僅適用於浩瀚的宇宙，也符合我小小的書桌桌面。唉！我的書桌只會越來越亂，怎麼可能自己變乾淨呢？唯有在外力介入的情況下，才能夠控制或阻擾世界及宇宙當中所有的自發型物理作用、化學作用與生物作用的進行。若無介入，天地萬事萬物傾向於更加混亂無序。化學及熱力學專業術語將混亂程度總測量值稱之為**熵**（Entropy）。宇宙中的「熵」持續遞增。

　　我坐在書桌旁得以呼吸並保住小命。這和熵有何關係呢？以書房裡的空氣分子為例，它們不需要遵守任何規則，自由自在、亂七八糟地在書房裡移動，最後呈現的邏輯合理狀態就是：空氣分子們會平均地分布在書房裡。若需下達「召集令」，命令它們集中在書房某一側之前，意謂著必須限制它們的移動自由，命令它們從混亂變為井然有序。但是，這份召集令完全違反了宇宙裡

至高無上的混亂法則。因此，熱力學的過程絕對不可逆。哎，我的意思是說機率非常非常渺小。

　　熱力學第二定律也提出了熱傳導及熱平衡的觀念。例如書房裡的所有物件最終都會達到相同的溫度，亦即室溫（啊啊！我的體溫不會變成室溫，因為人體恆溫系統的運作，在健康狀態下維持恆定體溫攝式三十七度）。當我把剛煮好熱騰騰的咖啡放在書桌上的時候，濃郁的咖啡分子非常密集地集合在一起。但它們只想混亂地在房間裡跑來跑去。經過一陣人仰馬翻的大肆混亂之後，咖啡分子會在書房裡達到平均分布的狀態。

　　慘了，電腦螢幕突然閃爍著上傳失敗的訊息。暗忖不妙，我匆匆忙忙地跑向客廳，驚慌地發現無線區域網路的路由器壞了。

6

這對我有什麼好處？

　　幾週前，我搭高鐵出門。心情欠佳的我，在餐車裡買了一份櫻桃冰淇淋鬆餅，找到座位，正打算開吃。兩位男士不請自來地坐到我旁邊。其中那位老先生約莫和我家老爸同年，他說：「真漂亮！」又更我靠近一點說：「鬆餅看起來也很漂亮！哈哈哈！」另一人則尷尬地笑了笑。

　　這套撩妹方式真令人不齒。遇到這種「厭」遇時，大家不妨面無表情地抬高眉毛，與對方保持目光接觸，然後在一秒內慢慢眨一次眼睛。用這種「慢速眨眼法」，可以既安靜又高雅地表達鄙視。我就這麼看向這兩位男士。年輕那位滿臉不悅；老傢伙則被我高冷的眼神嚇到。我慢慢眨眼一次，然後不發一言地拿起鬆餅離開。留下那兩個白癡兀自坐著。

　　從前，我只會傻笑或大聲嚷嚷惹人側目。但自從我開始在

YouTube 上傳影片之後，每週會收到成千上萬的評論。我只好學習惰性氣體法則來看待網路負評。讓我慢慢跟大家解釋，或許大家也可以學學這招。

惰性氣體法則

惰性氣體（noble gas）屬於化學元素週期表當中的第十八族元素。它們幾乎是和諧人際關係的最佳楷模。最常聽說的兩種惰性氣體是氣球裡的氦氣（He）以及霓虹燈裡的氖氣（Ne）。其他的惰性氣體包括氬（Ar）、氪（Kr）、氙（Xe）、氡（Rn）以及人工合成的鿫（Og）。大家還記得，本書第二章提過：元素週期表是根據質子數從小至大排序。同一家族的元素則是越往下越重。比較重的原子核比較不穩定，容易自發放出射線而衰變。在惰性氣體家族裡，氡及鿫具有放射性，暫不納入討論。因為一般而言，惰性氣體家族成員的特徵就在於它們的高穩定度。它們的結構非常穩定，很難與其他元素反應。因此從前的科學家們認為這些元素「太懶了」，就將其命名為「惰性氣體」。

第二章裡曾經提過非常「激進」的氟元素。氟極少以單質的形態存在，總是活潑地與其他元素結合形成化合物。相較之下，惰性氣體家族裡的元素則完全不熱衷於與其他元素結合。因為它們最外層電子層的電子已「滿」（即已達成八隅體狀態），所以非常穩定，極少與其他元素一起進行化學反應。當氟積極地拉攏碳元素一起形成鐵氟龍，或找上鈉元素結合形成牙膏裡的氟化鈉成

分，惰性氣體元素一直都保持「老神在在」的沉穩風範。也就是說，當其他元素汲汲營營地希望達成八隅體狀態的時候，惰性氣體元素的外層結構裡本身即已存在著八個電子，再也無欲無求。因此，八隅體規則有時候又被稱為**惰性氣體規則**，亦即原子間的組合總是趨向於讓各原子價層都轉變成與惰性氣體相同的電子排列，也就是所謂的**惰性氣體結構**。在人際關係方面，我常說：「把自己當成惰性氣體吧！」何必因為一些雞毛蒜皮小事而生氣呢？直接放鬆心情，無視一切。

惰性氣體很滿意自己的狀態，顯得歡喜自在，甚至也不會和自己本身發生反應。以其他同為氣體的氧氣或氮氣為例，氧氣及氮氣的結構乃是所謂的**二聚體**（Dimer）。它們總是以成雙成對的型態出現。例如兩個氮原子結合之後形成氮氣（N_2），或是兩個氧原子結合之後形成氧氣（O_2）。水蒸氣裡的 H_2 亦隸屬於二聚體結構。相反的，惰性氣體卻喜歡獨來獨往，可單獨以單體（Monomer）的型態自然存在。

從化學觀點出發，惰性氣體一點也不有趣，因為它們很穩定，身邊總是平靜無波瀾。惰性氣體家族裡的氬氣（Ar）卻是個大例外。化學實驗室經常利用氮氣或氬氣來充當所謂的「保護氣體」。怎麼說呢？做化學實驗的時候，有些成分很容易和氧氣發生作用，因而無法完成原先規劃好的化學反應。或者，有些成分一碰到水就會立刻反應，甚至連空氣中稍微提高一點的溼度都可能破壞這些化學物質。

啊，什麼叫做「破壞」呢？就是對氧氣很敏感的意思，這些

成分很喜歡氧氣。對它們而言，氧化作用乃無比美好之事，但化學家卻導入其他成分，進而破壞這些好事，亦即強迫其他的化學反應出現。例如在實驗環境中導入惰性氣體氬氣，即可將氧氣完全排除在外，抑制氧化或水解作用，防止化學反應受到氧氣或濕氣的影響。

　　為了好玩，大家不妨試試看吸吸氦氣，這會讓聲音變得尖銳高亢。請勿做呼吸純氧的實驗（為什麼呢？先賣個關子，第十章再告訴大家解答）。

　　惰性氣體不僅不惹事，並且地位超然。我從中得到了啟發，就是譬如在火車上碰到噁心討厭老男人的時候可以使出這招殺手鐧，把自己武裝成惰性氣體結構，對這些老蒼蠅不理、不睬、不回應，拿起鬆餅，高姿態揚長而去。

科學的價值

　　回到座位之後，我發現高鐵車廂裡的網路掛了。這真糟糕。剎那間，我的淡定高雅急速崩盤。惡劣心情隨之爆發。還有一大堆工作還等著我上網完成呢！這時，鄰座的老先生充滿人生智慧地微笑說道：「沒有網路，現代人還真的不知道自己能做些什麼！對吧？」他好心地把報紙借給我看。我壓抑住滿心怒火，懶得向他解釋當代網路蘊含的意義。

　　返家後，我試圖在陽台角落裡捉到些微手機訊號，以便打電話給汀娜。

我問汀娜說：「可以去你辦公室嗎？我家網路又掛了，但有影片等著我上傳。」

汀娜說：「什麼？你的網路又掛了？」

的確，這個月我家的網路已經掛了兩次。還有很糟糕的一點就是我的手機在客廳裡完全收不到訊號。有沒有保險公司推「網路失靈險」？我會投保！

汀娜說：「你過來吧！順便幫我轉換轉換思緒。」

汀娜和我是在念博士班的時候認識的。我們找同一位指導教授，彼此互相鼓勵地唸完了學位。我們兩人並不算特別厲害，因為八成五的化學碩士畢業生選擇繼續攻讀博士學位。這幾乎是化學專業人員的基本教育配備。為了完成博士論文，我們必須忍受非常多的挫折。因此，闖關成功取得學位的人真的可以小小驕傲一番，但也不必一昧往自己臉上貼金。

不論博士學位加持與否，汀娜有個超級聰明的腦袋。念完博士之後，她去美國做**博士後研究**。博士後研究人員就像博士生一樣，願意繼續留在大學裡被剝削。如果想要「酸溜溜地」評論大學的學術層級架構，不妨如此描述：教授們就像希臘神話裡住在聖山上的眾神，博士生是底層勞工，博士後研究人員則是慢慢從底層往上爬的一群人。（此架構自動將大學生及研究生忽略不計）。在學術生涯當中，博士後研究人員日後或許能夠擔任大學教職，或進入實務領域工作，例如製藥公司越來越要求新聘人員具備博士後研究經驗。學位的價值越貶越低，真是荒謬！

丹尼是我的國中同學，當年他笨得連函數都搞不懂，大學念完企管系之後開始就業，目前收入高出博士薪水好幾倍。當然，大學教授看重的不是錢，而是學術成就。想在學術殿堂混出名堂，就必須犧牲睡眠、娛樂以及全部的人生。以汀娜為例，她每個週末都在工作、工作、工作。

我們兩個人超級幸運，漂泊數年之後又來到了同一個城市。但除非我去研究室找她，不然我們幾乎是「人生不相見，動如參與商」。雖然汀娜這麼努力，前途卻絲毫沒有保障。她和大學簽的都是短期工作合約。就這麼一年一年簽下去，直到拿到終身專任教職為止。超級厲害的人，或許可以在接近四十歲的時候達成專任教職的生涯目標。但教職的空缺數目卻遠遠少於具備學術資歷的求職者人數。單單有天賦、聰明、拚命努力工作是不夠的，還必須超級走運。無法取得大學終身專任教職者最後則必須拉下老臉去和自己的學生一起競爭業界的工作。

為何苦苦折磨自己呢？奮力拚搏，只是為了科學研究嗎？研究工作的確需要很多理想主義，需要完全服膺基本的科學原則。這是一份「成就大我」的工作。更累人的說法就是：研究的工作乃是為了服務全人類，為了讓未來的世界更加美好！

這種想法有點飛蛾撲火。在《這對我有什麼好處？》一書中，科技記者郎伽·優哥希瓦（Ranga Yogeshwar）嘗試去反思「科學的價值」，勸戒大家切勿將科學研究商品化，也不宜降低研究目的至「對我有何好處」這般簡單的問句。摘錄書中段落如下：

若將對科學的好奇心與對世界進一步的探索行動降低至金錢層面，無異大錯特錯。舉例而言，政府近年來支助一億一千五百萬歐元研究古籍與中世紀典籍之文意詮釋；德國研究基金會（Deutschen Forschungsgemeinschaft）補助了對於古埃及艾得芙神殿的研究專案。這些研究議題既不符合「賺錢」的想法，又能發展出哪些利用價值呢？翻譯埃及神殿裡的象形文字，不僅無法提高德國的國民生產總值，更遑論振興疲弱經濟。但是這項研究嘗試一點一點地解開古埃及文明之謎，進一步拓展我們對於人類古老文明的瞭解。這不是很偉大的研究嗎？另外，希格斯玻色子（Higgs boson）的特徵研究以及重力波（Gravitational waves）研究等等，完全不符合「投資報酬率」，也不可能衍生出任何附加經濟價值。基於個人數十年以來的觀察，我發現：好奇心與汲取新知是驅動當代科學前進的內在力量，但眾人卻試圖以功利主義的外衣來合法包裝科學研究。

如今，科學研究工作不應該只重視經濟利益層面。讓我們一起反擊。眾志成城，大家拿出信心與熱情吧！

「科學應當為人類效命」的這句話，乍聽之下覺得甚為有理。但由於天性使然，人類的行事作為通常只是依循「人不自私，天誅地滅」的原則，只對有利之事感到興趣。強調科學利用價值的思維模式會破壞科學研究的中立。我們的社會需要凌駕個人利益的中立者，並且需要這群人來擔任真理的發言人。唯在此前提之下，科學才能夠提振世界的美好。

根據科技記者優哥希瓦的觀察，不僅社會大眾傾向於將科學研究商品化，科學家們也經常衡量進行哪些研究對自己「有何好處」。優哥希瓦提及：

例如在二〇一六年，谷歌位於倫敦的 DeepMind 人工智慧公司聘用四百名員工，全年總人事支出高達一億三千八百萬美金。員工平均年薪為三十四萬五千美金。如此優渥的薪資條件吸引了許多原來在大學或研究機構工作的頂級科學家紛紛前來投靠。他們選擇替大型私人企業賣命，並賺取高薪。由於研究人員對於「有何好處」的權衡，中立研究機構流失一批又一批的專業人力，導致研究人力日漸匱乏。

只不過，除了金錢之外，這些聰明人想要的「好處」還包括：「不想被剝削」、「想要私人生活」，或者「想得到多一些尊重」。難怪，越來越多聰明的傑出學者選擇離開大學，因為企業界至少給高薪不手軟。

汀娜將自己的學術生涯最後期限設定在三十五歲生日那天。如果奮鬥到三十五歲還沒有希望拿到終身教職，她就辭職去私人企業。到目前為止，她是系上最年輕的助理教授，學術表現也相當優異。現在只好等待時間來為她的學術生涯下結論。

她在美國波士頓的麻省理工完成博士後研究，那裡就像是「理工科系的哈佛大學」。畢業後，許多美國企業都想網羅她。她也飛回德國面試，甚至連麥肯錫公司都已經提供她工作機會。但

是她想留在研究領域裡，最後選擇了目前這份大學助理教授的職務。我很矛盾地認為，汀娜很笨，因為她必須容忍學校無限上綱的剝削。另一方面，我又覺得應該頒發獎牌給她，因為她拚命抵制著「有何好處」的權衡，極力翻轉現有的學術生態。就我個人而言，我很高興她回到德國工作，而且她的研究室就在我家附近。

　　由於汀娜牽線，我的生活裡多了與實驗室和大學的聯結。有時候，我會在實驗室裡錄影，而且他們的網速超快。上次他們也幫我解決了燃眉之急，協助我上傳影片。現在家裡的網路又掛了。還是趕緊去找汀娜幫忙吧。

　　她在「跨領域研究中心」工作。跨領域是什麼意思呢？以汀娜為例，她是化學專業，合作最緊密的同事則是機械工程師及資訊工程師。當代重大的國際議題都跨越各行各業的專業，必須採取跨專業的解決方案。專業之間的界線原本就是人為設定，當然可以被翻轉或改變。現今，僅僅躲在自己的「專業同溫層」裡面，極可能變得一事無成。以汀娜為例，她的研究主題比較偏向於物理。念博士班的時候，我們兩人曾經夢想過一起合作，無奈我專攻高分子化學聚合物，她的題目則涉及物理化學。我們始終無法實現共同研究的夢想。

化學學什麼？

　　化學可細分為三大主要領域，分別是：無機化學（Inorganic

chemistry)、有機化學（Organic chemistry），以及物理化學（Physical chemistry）。當然尚有其他化學分支，不過上述三大類屬於三大化學基礎領域，也是化學系的核心課程。

物理化學，正如其名，強調的是化學及物理之間的聯結。熱力學以及量子力學等都屬於物理化學。汀娜專攻以電腦模擬化學反應過程並建立模型的「計算化學」，同樣也隸屬於物理化學領域。

有機化學環繞著碳元素（元素符號 C），以及例如氫（H）、氧（O）、氮（N）或是磷（P）等與碳結合之後的碳化合物。有機化學是研究「含碳化合物」結構與反應的化學。有機化學囊括的範疇相當廣泛，因為所有生物基本上皆含有碳元素。人體的身體架構也是由有機化合物所組成。大家手裡的這本書，也是碳化合物。許多化學結構公式皆含有碳。如果真的有外星人，他們也一定是由有機化合物所組成，因為只有碳元素才能夠展現如此多元的化學特質。

如果你正在線上閱讀或翻閱電子書，那麼就是踏入**無機化學**的應用領域。「無機」的意思就是「非有機」。無機化學是以無機化合物為研究對象，也就是扣除含碳化合物之外的所有化合物。從元素週期表來看，無機化學的範圍似乎挺大的，但在自然界卻非如此。無機化合物主要包括：鹽類、礦物質與金屬。有些人看不起無機化學，他們宣稱無機化學只不過是玩玩礦石而已。這種說法並不正確，首先，無機化學的研究範圍並非僅侷限於礦石，而且就算礦石研究也是相當厲害的一門學問。而且無機化學也是

所有科技裝置及器具的基礎，例如智慧型手機就是無機化學的傑作之一。大家好不好奇，怎麼做才可以讓手機電量維持久一點呢？讓我們一起探討手機裡的神奇化學，絕對值得回票。

手機裡的化學

智慧型手機包括電池、螢幕、內部電路與外殼，運用的材質包括 70 多種不同的化學元素。手機材質裡面雖然也含有碳（有機化合物），不過最大宗的組成材質卻是金屬（無機化合物）。這一點才是手機材質的趣味所在。例如手機的微電子系統裡大約含有數百毫克的銀以及三十毫克左右的黃金。手機如何知道使用者想點選哪一項功能呢？原來是因為手機螢幕表面鍍著一層銦錫氧化物（Indium tin oxide）的透明導電膜，能夠傳導我們手指上的電流，讓手機偵測到手指在螢幕上的「接觸點」。

你可能會問：「手機為什麼這麼聰明啊？」手機的智慧來自於貴金屬元素，亦即**稀土元素**（rare-earth element）或**稀土金屬**（rare-earth metal）。它們是週期表上面的第三族副族元素，包括**鑭系**（lanthanoid）15 種元素，再加上鈧（Sc）與釔（Y），共 17 種化學元素。

稀土金屬給人的第一印象就是：它們的名字都相當有個性。鋱（Tb）、鐠（Pr）、釔（Y）、釓（Gd）、銪（Eu）與手機螢幕色調有關，掌管手機圖檔及照片的完美。釹（Nd）或鏑（Dy）被製成稀土磁石，有助於提高磁能，讓麥克風與揚聲器等設備變得

短小輕薄。手機的震動警訊設備也運用到釹或鏑兩種稀土金屬。

　　省電燈泡裡面也有稀土金屬，其功能在於調節燈光成為自然色調。太陽能板或風力發電設備等綠能科技裝置也會運用到稀土金屬。這些貴金屬僅需要微量即可大展身手。這就是為什麼稀土金屬又被戲稱為「工業調味料」的原因。（如果稀土元素是工業調味料，那麼食鹽裡的鈉是不是應該被尊封為「金屬調味料」啊？因為鈉是金屬，而食鹽則是日常調味料。嘻嘻，開個小玩笑而已！）。弔詭的是，稀土金屬雖常被應用於環保綠能科技領域裡，但稀土礦的開採卻一點也不永續環保。雖然看其名稱，可能猜測稀土金屬礦源稀少。但是，實則不然。地殼中的稀土金屬含量甚高，尤其存在於礦床當中。但稀土礦的開採不僅費用高、耗能，而且礦坑裡的工作條件很差很剝削。全球最大的稀土礦源集中於中國。中國甚至壟斷好幾種稀土礦石的生產。

隨著手機消費市場蓬勃發展，稀土金屬的價格一定會水漲船高。但電信業者為了拉攏顧客，以每年的免費換機服務誘惑顧客簽約。每人每年一支新手機，勢必會造成許多問題。加上回收方式如果不恰當，則會造成大量的塑膠垃圾並且浪費稀土資源等等。再者，手機多半被設計成不易修理；電池老舊或螢幕裂開之後，消費者皆傾向於購買新機。當然也可以送修，不過需要忍受一整天沒有手機，哪個現代人做得到呢？面對上述林林總總的問題，現代社會應該如何處理手機資源無法回收永續的問題？

手機螢幕容易故障，並非製造商故意搞鬼。手機螢幕相當堅固，展現出化學家的天才巧思。手機螢幕並非一般的玻璃，大多數手機螢幕採用 Gorilla Glass® **強化玻璃（大猩猩玻璃）**材質。製作方式是先讓矽原子、鋁原子與氧原子共同作用形成 3D 立體結構的**鋁矽酸鹽玻璃**（Aluminosilicate glass）。然後，再將鋁矽玻璃放入含**鉀鹽**的高溫浴槽當中。

鉀（K）在元素週期表的位置直接在鈉（Na）之下，屬於**鹼金屬**（Alkali metal）家族。基於八隅體原則，鉀和鈉一樣都喜歡失去電子，形成帶有正電荷的離子。只不過，鉀離子的體積比鈉離子大很多。

製作大猩猩強化玻璃的過程裡應用了所謂的離子交換技術。將鋁矽玻璃放入高溫的鉀鹽浴槽之後，鹽浴槽裡面的正價鉀離子藉著高溫與粒子迅速的移動速度取代鈉離子的位置，鈉離子會離開玻璃，鉀離子則進入玻璃表面。降溫之後，玻璃的化學結構會出現少許變化；胖胖的鉀離子卡在比它身材還小一號的縫隙裡。

正因如此，玻璃的材質變得更加耐壓，更加穩固。這才變成擁有註冊商標的大猩猩玻璃。

　　既然如此，為什麼手機螢幕還是很容易壞掉呢？我只能說，如果手機螢幕是一般玻璃材質，那麼損壞比率應該會更高。手機螢幕掉在地上卻沒壞，首先與螢幕玻璃受到的撞擊力道大小有關。手機掉在地上的時候，如果幾乎與地面平行，那麼撞擊力道會分散至整個螢幕表面，手機就可能平安無事。本書第五章提過有關空氣壓力的議題；我們知道：壓力是分布於特定作用面上之力與該面積之比值。作用面越小，所受壓力越大。如果手機某一角先著地，發出超大「蹦」的一聲，那麼螢幕絕對難逃厄運。

　　基於這個原因，我想離題說一下：我們似乎應該採平躺的姿勢搭電梯。這樣一旦電梯故障往下墜落，我們才能保障自己是以最大面積著地。因為等到真正發生故障的瞬間，地心引力或許也會失常，我們就無法立刻躺下。啊，不過一進電梯就躺下，對其他乘客就真的尷尬啦！算了，這只是天馬行空瞎扯，電梯哪會常常故障呢？

　　說回手機螢幕。雖然保護套有點笨重，不過為了保護螢幕還是加裝手機保護套比較好。我自己的手機螢幕從未故障過。坐公車去汀娜研究室的時候，我發現手機快沒電了，於是先關機。

電池忙什麼？

手機電池的續航時間，常讓人吃盡苦頭。大家知道，十五年前手機充電到滿之後可以撐多久嗎？那時候的手機必須常常充電。現在，我一天充電一次就夠了。如果能夠瞭解關於手機電池的化學知識，就一定會懂得如何善待電池，並延長電池的使用壽命。有些學生認為自然科學對以後的人生毫無幫助，因此也不需要注意聽講。「自然科學無用論」，果真如此嗎？閱讀至此，讀者們，你們對於科學應用的想法有改變嗎？

電池種類各有不同。目前每天生活中最不可或缺的是**鋰離子電池**（lithium-ion battery，或寫做 Li-ion battery）。蘋果手機也配備鋰離子電池，甚至在公司網頁中大幅宣傳鋰離子電池的好處。認為：「與傳統電池相比，鋰離子電池充電較為迅速、續航較久、功能較佳、壽命較長，並較為輕巧。」難怪，市面上的手機、平板、筆電，甚至連特斯拉電動車都配備鋰離子電池。

先解釋一下。雖然我在寫的時候輪流使用「電池」及「蓄電池」這兩個詞彙，但本章主角指的是「充電電池」。有些人會嚴格地區分這兩類電池，將之分為：一、一次電池，亦即原電池，不可充電的拋棄式電池。以及二、二次電池，亦即蓄電池，可充電電池。但既然蓄電池是能夠充電的電池，當然也就是電池的一種。稱呼它是電池，不為過吧？

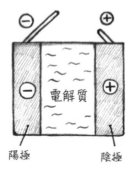

電 池 基 本 原 則

　　電池是一種裝置，可將本身儲存的能量轉換成電能。它會製造出電子，形成電流，並且可以攜帶。在結構方面，最重要的元件就是**電極**（electrode），包括正負兩極。電極又可分為失去電子的**陽極**（anode）以及得到電子的**陰極**（cathode）。請想像，兩極之間存在著能夠通電的管路，手機靠著這些管路來提供各元件電力。電子在兩極之間流動，兩極之間的連結則仰賴電池裡的**電解質**（electrolyte）。電解質是統稱，可能是液體或糊狀，專門負責導電。在電池裡，電解質負責傳輸的不是電子，而是離子，陰陽離子。順便一提，人體體內大部分也是電解質，由水及許多種類的離子所組成。

　　因此，電池基本上就是由陰極、陽極、電解質所構成。這三項元件的化學成分決定了電池的種類。

　　以鋰離子電池為例，陰極通常是由鋰、氧，及另一種金屬組成的鋰化合物。該金屬如果是鈷，便形成一種**鈷酸鋰離子電池**（Lithium cobalt oxide）。鈷和氧原子形成一層層的平面，鋰原子層則處於其中。

　　陽極通常以**石墨**（Graphite）為材質。石墨是碳元素的結晶礦物，也是一層一層堆疊起來的結構。

　　上述講的是電池裡的陰極與陽極，接著繼續談談「充電」這件事。不過在電池充電的時候，故事主角必須換成正極與負極。充電的重點在於電子流動的方向。電子流出的電極是負極，亦即上述提及之陽極；電子流入的電極是正極，亦即上述提及之陰極。電池釋放電力的時候，正負電極則恰相反。

　　很混亂吧？化學家的語言為什麼如此複雜？這和在電極裡發生的化學反應有關，容我稍後再述。為了簡單一點，先談談正極與負極。

　　充電的時候，負極會逐漸充滿電子，導致負電電位變高。然而負負電子相斥，負電電位越提高，基本上就代表充電這件事會變得越來越困難。如何解決呢？以鋰離子電池為例，這時就輪到帶正電的鋰離子出場了。充電時，鋰離子從正極材料（例如鈷酸鋰）晶格中脫出，離開原本身處的正極，通過電解質朝向石墨材質的負極移動。使得負極的正價鋰離子數目逐漸增加，可在那裡捕捉負離子。**電極電位平衡**之後，比較容易讓電池充滿電。

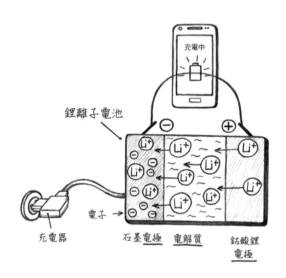

鋰離子電池

充電器　　石墨電極　電解質　　鈷酸鋰電極

電子

　　我們可以用公式來表達在電極上發生的電位平衡反應。公式為：$C_n + xLi+ + xe^-$ 形成了 Li_xC_n。非化學專業的人不必擔心，你僅需要瞭解這條公式裡提到的「$+ xe^-$」。x 乃任意一個數字，「e^-」指的是電子。「$+ xe^-$」的意思是：在該化學反應中得到了多少個電子。得到電子的化學反應被稱為還原反應（Reduction）。**還原反應就是從化學元素、離子或化合物當中「得到」電子的反應。**當手機充滿電的時候，負極充滿電子，正極無動於衷地不想要電子，正負兩極之間便出現電位差。這可比喻為高低落差很大的河道。閘門關閉的時候，河水洶湧聚集在高處；閘門一旦開啟，河水如瀑布般向低處宣洩流動。拔掉充電器之後，透過還原作用得到的電子一定會向低電位處移動，電子將以電流的形態通過整支手機。電極失去電子，這是與還原反應恰好相反的化學作用

過程。亦即所謂的氧化反應（Oxidation）。**氧化反應就是「失去」電子的反應。**

充完電之後的手機電池處於放電狀態。由於負極的鋰離子化學勢較高，鋰離子從負極脫出，通過電解質回到正極。在正極裡，鋰離子又與電子相遇。當所有的電子都集中至正極時，就表示電池沒電了。一切又重頭開始！

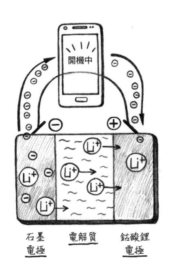

在充電及放電過程中，鋰離子通過電解質不斷地遊走在正負兩極之間。因此，鋰離子電池的化學反應循環被視為依循所謂的「搖搖椅原則」。

再回到讓人混亂的「陰極」與「陽極」說法。首先，電池可分為（一）不可充電電池以及（二）充電電池。對第一類電池而

言，陰極永遠是正極，陽極永遠是負極。但第二類電池不僅可以放電，也可以充電；如上所述，這是兩種完全相反的化學反應過程。因此，針對可充電電池，我們必須為陰陽兩極重新下定義：**陽極是發生氧化反應的電極。相對的，陰極是發生還原反應的電極。**

上述陰陽兩極定義是固定的。手機電池屬於可充電電池。對照之下可以發現：在充電的時候，手機電池會在負極發生還原反應，正極發生氧化反應。但當我們在使用手機的時候，電池處於放電狀態，它會在正極發生還原反應，負極發生氧化反應。在電池裡，氧化及還原反應一直交替循環。乃持續「失去」（氧化）與「獲得」（還原）電子的過程。總而言之，這就是化學專業術語所謂的**「氧化還原反應」**（Redox）。這就是氧化還原化學的初階課程。恭喜大家學會了！

致命的爆炸

最近經常流傳一些手機充電建議，說什麼充電前最好耗盡所有的電力或切忌充電過久。這些充電守則適用於舊式的鎳氫電池，或電視遙控器裡的鎳電池。但鋰離子電池不受這些限制，因為有些新型的電池電路板會自動停止電池過度充電。不然的話，充電過度可能導致例如二〇一六年三星 Galaxy Note7 手機電池爆炸等事件。因此，電池結構的安全保護層就顯得格外地重要。高溫、電池外部受損、製造錯誤等原因，皆可能導致電池過度充

電，而造成危險。再加上低燃點的電解質，手機簡直等同於迷你
爆裂物。

約翰・古德諾教授（John Goodenough）協助發明了鋰離子電
池。雖然他的姓氏拆開來 good enough 是「夠好了」的意思，他
卻認為目前模式還「不夠好」，目前正致力研發更安全的鋰電池。

新型研發亮點在於**全固態電池**技術，例如以玻璃態固態電解
質取代原來的液態電解質型態。大家不必過於擔心自己的手機可
能會爆炸，因為調查發現，三星事件是因為電池正負極接觸導致
短路爆炸。該批手機已被召回，近期內應該不會再出事。嗯，幸
好只是手機爆炸，如果是自動車的鋰離子電池爆炸，那就……。

溫度也是手機的致命因素之一。溫度越高，化學反應的速度
越快。手機過熱，不僅會加速放電、電力消耗快，還會縮短電池
壽命。說起鋰離子電池的壽命議題，建議大家最好隨身攜帶充電
器，不要用到窮途末路才充電，應讓電量隨時保持在遊刃有餘的
狀態。電池積年累月地操，一定會造成材質耗損，導致容量與功
能衰退。所以，請將電池電力維持在近乎飽滿的狀態。例如將筆
記型電腦的電源線直接插在電源插座上，並且盡可能隨時幫手機
充電。如果手機電量低，卻忘了帶充電器而無法充電，那麼寧可
先關機，切忌繼續空轉耗電。

所以剛剛一上公車，我就先關機了。真糟，現在又得開機傳
訊息給汀娜。

「到囉！」

她回覆：「走側門。」

　　汀娜通常叫我從研究所的側門進她的實驗室。負責整棟研究所以及實驗室安全的保全先生會看見我。我今天穿著短褲涼鞋，很可能會吸引他側目。為什麼呢？他並非想效法高鐵「厭遇主角」的行為，而是實驗室安全守則規定進入者必須穿著長褲，不得穿拖鞋或涼鞋等。雖然我擁有化學博士學位，但我並非大學裡的研究人員，所以也不被准許在實驗室裡做實驗。研究所的工作人員們都必須接受安全教育訓練。

　　汀娜每週末都來實驗室工作。偶爾我會濫用一下她的場地資源，拍拍影片。例如將液態氮倒在地上，塑造「漫步在雲端」的唯美場景（當然是穿著長褲及皮鞋）。幸好，這位保全先生從來不看 YouTube 影片。

　　我小心翼翼地溜進門口。一如往常地走向汀娜的研究室。誰知，她突然出現勾住我的手說：「我們不去實驗室，先去找恐龍吧！」

7

小恐龍加上長壽漢堡

　　化學系系館運用了許多新潮的玻璃設計。裡面有間咖啡廳，充滿著摩登的玻璃透亮感。汀娜帶我走了過去。不過，坐在裡面非常引人側目。或許因為這個緣故，咖啡廳總顯得空蕩蕩的。這倒是真的，誰願意在偷懶時間裡被主管捉個正著呢？汀娜在系上是出了名的工作狂，所以她偶爾抽空喝杯咖啡並不要緊。

　　這裡大型的實驗室也是玻璃空間，一切都無所遁形。媒體記者應該很喜歡這裡透明流暢的空間感；在玻璃上寫些化學公式，拍出來的照片肯定充滿空氣感及唯美氛圍。不過，化學系教職員工們一定覺得自己被持續監控。每次隔著玻璃看見穿著白色實驗的人，總讓我想起實驗小白老鼠。化學系所長卡爾・高森教授對於這些玻璃空間相當引以為傲。系上私下稱呼所長為「老K國王」（簡稱老K）。去年，我和大學校刊編輯及幾位地方記者很榮

幸地參加系上安排的導覽活動，鉅細靡遺地認識了這棟創新建築。

　　老 K 所長親自導覽我們參觀。他說：「陽光會照進這棟建築物，很棒吧？大家都知道，白晝日光有助於促進人體分泌血清素，也就是促進人體分泌幸福荷爾蒙。因此，我們系上的同仁總是心情愉快。」站在旁邊的博士生猛點頭稱是，乖乖地露出笑容。當下場景讓我第一次聯想到了實驗小白老鼠。所長頗具人際魅力，但汀娜告訴我：在老 K 應付媒體的笑臉背後，他其實是個不折不扣的暴君。因此，充當導覽書僮的博士生們的笑容裡總是閃爍著一抹恐懼。老 K 所到之處，博士生的「打或跑反應」總是選擇腳底抹油、溜之大吉。

　　順帶一提，老 K 實在不應該如此簡化，認為「幸福荷爾蒙」**血清素**（Serotonin）如假包換地可以提升好心情。就像大多數的荷爾蒙一樣，血清素在經過活化之後會引發體內出現一連串複雜的化學反應，掌管許多不同的功能。我必須再三強調，「一種荷爾蒙只負責一件事情」的論點並不正確。科學家於數十多年以來已經發現，血清素除了與幸福感有關之外，還能夠調節食慾、睡眠，並影響記憶等認知功能。血清素甚至是治療憂鬱症的主要成分。

人體內活躍的化學作用

　　人體內的神經生物化學作用失調或許與罹患心理疾病有關。

心理學有句名言：「所有的心理現象同時也是生理作用歷程」。（我也可以調皮地宣稱：「所有的生理作用歷程同時也是化學反應歷程」嗎？只不過，科學到目前為止仍無法全盤瞭解人體內所有的化學反應歷程）。大腦的神經細胞，亦即神經元（Neuron），不斷和各種荷爾蒙交換訊息。神經元之間的訊息交流中心被稱為**神經突觸**（Synapse）。突觸與突觸間並非無縫接軌，而是存在著非常細小的縫隙構造，稱為**突觸間隙**（synaptic gap）。神經元之間如何傳遞訊息呢？科學家認為神經元傳遞訊息的方式可分為：化學模式及電流模式。我們先來看看化學模式，它指出：神經元 A 釋放神經傳導物質至突觸間隙，然後與 B 神經元突觸上面的神經傳導物質**受體**（Receptor）結合。請將這個過程想像為：車子開進事先預約好的特定停車格。當 B 受體接收到神經傳導物質 A 的訊息之後，就會傳遞出活化或抑制神經作用的訊號。

　　神經傳導物質的任務與**荷爾蒙**相同，都是所謂的信息素（semiochemical）。至於它們究竟是哪一種成分，完全取決於其釋放地點，大致可概分為兩大類：一、在神經突觸間隙裡面被釋放的信息素，被稱為神經傳導物質；二、在松果體或腎上腺等腺體當中被釋放出來的信息素，則被稱為荷爾蒙。有趣的是，血清素既是荷爾蒙，又是神經傳導物質。

　　在一九七〇年代的時候，科學家開始懷疑，血液中血清素濃度過低可能是導致憂鬱症的原因之一。研究證實，提高大腦內之血清素濃度有助於改善憂鬱症狀。因此科學家長期以來都簡單地認為：大腦裡面化學物質的分泌失衡容易導致憂鬱，於是研發出

幾種具有提高血清素濃度效果的抗憂鬱藥物。但是，如此嚴重的心理疾病真的只是因為大腦裡面缺少了小小的血清素分子嗎？這樣的說法未必過於簡化。雖然臨床的治療實務顯示，含有血清素成分的藥物的確有助於改善憂鬱，但這並不（！）表示：缺乏血清素會導致憂鬱症。大家還是想不明白嗎？舉個大家比較能夠瞭解的例子：大家或許都有這樣的經驗，頭痛欲裂時，服用阿斯匹靈有助緩解頭痛。但是，難道缺少阿斯匹靈是導致頭痛的病因嗎？藥物治療的究竟是症狀呢？還是病因呢？其中的安慰劑效果又如何？血清素與憂鬱症之間的關聯相當錯綜複雜，迄今尚無定論。這才是科學研究真實的樣貌！研究者的雄心壯志通常在開始的幾年內就會消磨殆盡。當代科學與科技進步神速，但追尋新知的過程卻是篳路藍縷。例如：研究者努力了很久所得之結果卻是互相矛盾，或者根本無法重複相同的研究步驟來驗證自己的數據，或研究結果很模糊，或無法邏輯解釋。

　　彎彎繞繞的科學研究彷彿「瞎子摸象」。盲人僅憑藉著雙手碰觸物件來認識世界。他們當中有人摸到尖尖的象牙，有人摸到長長的鼻子或大扇的耳朵等等。盲人朋友彼此交換意見時，才驚訝地發現怎麼大家的想像完全不同。有些人認為大象瘦骨如材，或胖胖得像根柱子等等，另一些人卻堅決反對這樣的看法。在科學研究領域裡，也常出現類似瞎子摸象的情況，例如針對憂鬱症的研究。不論觀察是否互相矛盾，科學家必須多方審慎觀察，以找出具有意義的全貌，並竭力接近事實。因為不論多麼仔細地觸摸，科學家仍然是盲眼之徒。

　　每次和朋友討論這個議題的時候，他們常反問：「喂！你究竟是想喚醒我們對科學的興趣呢？還是想把我們嚇跑？」為了回答這個問題，請准我再利用一下瞎子摸象的比喻。大家啊！如果沒有科學研究，你我不單單只是瞎子，連伸手摸東西都將困難重重！

累了？來一杯化學咖啡吧！

　　好了，就此結束瞎子摸象比喻的延伸版。讓我們一起來看看與大腦有關的神經化學議題，這個領域已經累積了相當多的研究成果。汀娜和我坐在系館的咖啡座裡，替大腦補充一點**咖啡因**。大腦神經元不僅有能夠接收神經傳導物質的受體，也有接收咖啡因的受體。不過，事實上後者是**腺苷**（Adenosine）的受體，它只不過是「看走了眼」，誤將咖啡分子當做人體自身分泌的腺苷分子，因為這兩種分子的結構非常相似。

咖啡因　　　　　腺苷

　　你或許認為，這兩個化學結構式看起來一點也不像。大腦裡的腺苷受體卻未必贊同你的看法。更準確地說，重點不是化學分子的外表結構，而是該分子在「崁入」時與受體結構的吻合程度。從結構層面來看，原本設定是腺苷受體能與腺苷完美地「崁合」在一起。咖啡因分子與腺苷受體的崁合，只不過是場美麗的偶然。

　　一般情況下，當越來越多的腺苷分子和受體崁合之後，我們就會覺得越來越疲倦。腺苷的累積和睡眠周期有關，它在人體內主要負責傳遞疲倦的訊號。但是，腺苷由何而來呢？它與人體能量消耗有關。能量消耗量越多，形成的腺苷也就越多。人體必須消耗能量，尤其需要一種名為**腺嘌呤核苷三磷酸**（Adenosine triphosphate）的核苷酸，才可以進行呼吸、思考或運動。越動態的活動，需要消耗的腺嘌呤核苷三磷酸就越多。

腺 嘌 呤 核 苷 三 磷 酸

腺嘌呤核苷三磷酸是細胞內能量傳遞單位，負責儲存及傳遞化學能，簡寫為 ATP。不過，我認為它的原名比較能夠說明它含有三個磷酸基。經過化學反應之後，ATP 會失去三個磷酸基，而形成核苷。ATP 消耗越多，核苷也就累積得越來越多。很簡單，也容易記住吧？（生物學家另有一套複雜的看法，大家以後再去搞懂！）當越來越多的核苷與核苷受體崁合在一起的時候，我們就會覺得越來越疲倦。

這時候來杯**咖啡**，就可以消除疲勞！為什麼呢？咖啡進入體內半小時之後，咖啡因分子便開始與核苷受體崁合。咖啡因分子甚至有能力「鵲占鳩巢」，逼迫核苷離開受體，破壞既有的崁合，彷彿咖啡因分子將核苷受體停車場裡大部分的「停車位」都暫時停滿了。有趣的是，核苷受體完全沒有察覺，還以為周圍並無任何的核苷分子。這就是喝咖啡有助消除疲勞並提振精神的背後故事！

竊蛋龍寶寶

汀娜雖然喝了咖啡，卻仍然顯得萎靡不振，因為某科學期刊拒絕刊登她的學術研究稿件。唉，正如科普節目《流言終結者》主持人亞當・薩維奇（Adam Savage）所言：「科學與鬼混之間唯一的差別在於科學家懂得寫下來！」此言的確不假。沒有經過嚴謹記錄與分析的實驗，根本無法躋身科學之列。在完成研究計畫並得到研究結果之後，科學家必須將之撰寫成為期刊論文、投

稿，及公開發表。

　　公開發表研究結果說起來簡單，背後卻隱藏著倍受挫折的漫長過程。這簡直是一門大學問。

　　研究者必須很有邏輯地規劃稿件內容，然後將整項研究與結果訴諸文字及圖表。幾經修訂完成稿件之後，再投稿至科學期刊。期刊主編會委請相同研究領域裡的他校大學教授兩名擔任匿名審稿委員。兩位委員將詳細地閱讀並審查初稿，以決定該篇稿件是否具備刊登資格。投稿者經常還必須依據審查建議來修訂稿件，例如額外提供研究步驟期程或是實驗相關內容等訊息，以利於刊登。負責審查學術稿件的委員乃來自相同研究領域的學者專家。這樣的審查制度被稱為**同儕審查**（Peer Review），有助於確保學術發表品質。

　　投稿之後，很可能四處碰壁。研究者必須不斷地回應審稿建議，並加以仔細修訂，或許最後才可以說服該期刊同意刊登。另外，如果兩位審稿委員意見不一致，期刊主編也不會輕易讓稿件過關。這就是汀娜目前面對的窘境。她把第二位審稿委員的評論拿給我看：

　　「你看看！很明顯的，這位評審大叔完全沒看懂這整段的內容。」

　　我糾正她說：「審委也可能是女性，對不對？」

　　「不管啦，總之他（或她）沒看懂我的意思。」

　　「還好吧！你只要按照建議修改一下就可以啦！」

　　審查學術稿件的時候，可能出現所謂的「專家陷阱」現象，

意指專家對於自己的專業過度自信，忽略了去判斷究竟在該過程中自己必須具備哪些相關的科學知識。我在舞會裡對外行人解釋化學專業知識的時候，也常常掉進這類陷阱。科學書呆子和別人說話的時候總是傾向於複雜化，而且因為不願意承認自己的無知，或不願意示弱。科學書呆子總是故意裝裝樣子，掉掉書袋，完全沒發現原來自己才是整個場子裡面唯一的白痴……天啊！這真的太尷尬了！科學研究者必須盡量迴避這種奇恥大辱。記得當年我剛唸博士班的時候，每次當其他博士生在「專題研究討論會」裡面提報，我都覺得自己是「天字第一號大白痴」，因為別人的研究主題簡直就像無字天書一般難懂。唉，而且也沒人舉手發問。不過，我很快就發現，其他人和我一樣，既無知又惶恐。原來，當年的報告者都把自己的研究議題說得莫測高深，導致沒人能聽懂。

　　無法「講清楚說明白」的演講，浪費的是聽眾的寶貴時間。但是投稿稿件的內容如果不夠清楚，倒楣的卻是研究者本身。撰稿時，作者往往「當局者迷」，無法分辨稿件內容究竟是否清楚易懂。最好的方法，就是請託身邊協助朋友瀏覽稿件。

　　汀娜問我：「能拜託你再看一下那篇初稿嗎？」

　　我回答說：「當然囉！」目前，我最擅長的就是把科學弄得淺顯易懂。

　　我們兩個人原來都約在汀娜研究室裡碰面。半透明玻璃的隔間至少還讓我們感覺有些隱私感。但不久前，老K指派他的博士生托本和汀娜一起共用辦公室。托本一副尖嘴猴腮的模樣，走路

又彎腰駝背，簡直就像現代版的竊蛋龍（Oviraptor），因此我和汀娜私下戲稱他為「恐龍」。我原來以為竊蛋龍奸詐狡猾、膽大包天、專門偷其他恐龍的蛋。這些特徵和托本完全相反，所以應該幫托本換個綽號的。但汀娜告訴我，竊蛋龍的命名其實是個錯誤。研究人員在恐龍蛋的化石巢穴裡發現了竊蛋龍化石，誤以為它正在偷蛋。後來才發現，它當時是在孵蛋。所以，竊蛋龍或許還是很不錯的恐龍。就像托本一樣。

托本是個大書呆。讀者們或許也已經察覺到了，我也是個書呆子，喜歡帶著科學的眼鏡觀察世界。不過我會看情況偽裝自己，並且不落痕跡地跨入「非自然科學家」的世界，與一般普通人談天說地。托本沒辦法這麼做，他相當害羞，幾近於社交恐懼。這說法一點也不誇張，也不是諷刺。根據《精神疾病診斷準則手冊第五版》（DSM-5），社交恐懼症是對社交等公開場合感到強烈恐懼或憂慮的精神疾病。不過，這些都是聽汀娜聊起的。我並非精神科醫師，也只遠遠看過他，所以我無法診斷，更遑論遠距醫療診斷。上次我來化學系找汀娜的時候，托本剛開始和汀娜共用研究室。他的辦公桌離我們還有點距離，不過他已經是一副坐立難安的模樣。我友善地請他吃蘋果乾，他首先完全沒有反應，但我知道他已經聽見了我的邀請，正在努力思考當中。真尷尬！當下最好的應對方式就是假裝自己完全不覺得尷尬。互動歸零的時候，絕對不要緊張兮兮地微笑，而是輕鬆地將發球權交還對方，等待對方回應。（別忘了把自己當作惰性氣體！這小技巧還算挺好用的。）仔細想想，許多人際互動的遊戲規則事實上並

不合乎邏輯。但書呆子們擅長的就只有邏輯思考，所以才會卡在無意義的閒聊當中，或在尷尬的社會互動情境裡顯得手足無措。普通人與書呆子接觸一兩次之後，就替書呆貼上「怪胎」標籤，並毫不猶豫地拒絕往來。大家！如果你們願意耐心等待，書呆子冰山也可能自己融化。我和汀娜都有這樣的經驗。剛開始，恐龍看起來超超超安靜的。相處一段時日之後，才發現他這個人原來可以這麼酷。

　　回到那個當下，我拿起蘋果乾袋子遞到恐龍面前，一直舉著袋子很久很久，直到他接受邀請為止。汀娜和他已經稍微混熟了，開玩笑對他說：「喂！對你而言，吃這種東西太健康了吧？」

　　恐龍很有責任感地舉起那片蘋果乾，平靜地回答說：「我對蘋果超級過敏。」

我和汀娜坐在系館咖啡座裡。問起恐龍的近況。

汀娜嘆了一口氣，回答說：「你聽過動物的『銘印行為』吧？小鴨子一出生，把第一眼看見的動物當成自己的媽媽，然後一直尾隨著她行走江湖。唉！恐龍現在是我的鴨寶寶，我升格當他的媽媽啦！」

我糾正汀娜說：「他是恐龍寶寶啦！」研究顯示：在暴龍的親屬當中，唯一還存在的就是雞。既是如此，恐龍寶寶也會出現銘印行為吧？

汀娜說：「現在是下午兩點半。我還沒去學生餐廳吃飯，所以恐龍也跟我一樣餓著肚子。」

「哇！這樣啊？」

汀娜說：「做好心理準備吧！從現在起，你只會看到恐龍二人組。」

我腦補了一下。五十年後，這兩人坐在壁爐前的搖搖椅上勾毛衣……

我們急著趕去學生餐廳吃飯。汀娜想試試看，如果她不帶恐龍過去，他會怎麼樣。半路上，我們經過了汀娜的研究室。我隔著半透明的玻璃隔間向裡面張望，看見恐龍坐在電腦前面，並未察覺我們的出現。汀娜確信，他不久後就會跟過來。但是我也在，他會想跟嗎？畢竟他上次幾乎被我活活毒死。

化學廚房裡的助手

說起下毒這件事，去年大概有三十多位學生在學生餐廳前面舉牌抗議，他們反對餐廳業者在食物中添加防腐劑。我卻認為，學生餐廳使用防腐劑是正確的。我自己特別喜歡新鮮的食材，一定趁新鮮加以烹煮。但這個餐廳每天必須負責上千人次的餐點，不用防腐劑反而不好。因為世界裡充滿著細菌、真菌及其他微生物，它們也必須例如倚賴人類的食物維生。只要它們不作怪、不把餐點搞臭搞爛、不引起腸胃炎、不造成沙門氏桿菌或肉毒桿菌等食物中毒事件，我倒不介意和這些小小生物們一起分享食物，反正它們的食量很袖珍。

導致食物變質的罪魁禍首，可分為兩大類。第一類是會引發食物腐敗的細菌（在細菌新陳代謝過程中的化學反應導致形成有毒物質）。第二類會讓食物變質的就是化學反應。食物腐壞的典型化學反應就是**氧化反應**。之前解釋手機充電議題的時候，我們曾經討論過。

氧化反應的定義各有不同。在手機充電的時候，氧化反應指的是失去電子。這是一般常見的氧化反應的定義。不過，也可以依照字面來解釋；狹義的氧化反應定義指的就是：和氧氣發生的化學反應。例如：油在空氣中放久了之後會出現油耗味，變得不宜使用；或者新鮮的蘋果切開接觸氧氣之後，裡面的多酚（Polyphenol）成分被氧化了，所以蘋果變成了褐色。或許你們曾經發現，不同品種的蘋果切開後的褐變速度有所差異。原則

上，澳洲青蘋果與金冠蘋果切開後的顏色不會變得很深，賣相好一點，因為這兩種蘋果裡的多酚含量比較少。蘋果的多酚含量越高，越不容易引起過敏反應。

原則上，氧化反應的時候需要酵素幫忙（又稱為「酶」）。**酵素**（Enzyme）是一種蛋白質。在人類、動物、植物及水果裡面，都可以發現酵素的蹤影。酵素的種類琳瑯滿目，化學結構及功能也都各異其趣，但它們唯一的共通點就是：在化學反應當中擔任**催化劑**（Catalysis）的角色。催化劑的功能在於輔助，加速分子的化學反應速率；這有點像在年輕人的攙扶下，老婆婆上下車的速度可以加快一點。有些酵素則扮演紅娘的角色，負責召集參與化學反應的分子迅速聚集起來；如同廚房助手負責切菜等工作，以加速烹調過程。

酵素的成分相當多元化。以蘋果褐化反應為例，蘋果並非一接觸到氧氣馬上就變成咖啡色，而是透過**多酚氧化酶**（Polyphenol oxidase，簡寫為 PPO）的協助，加速褐化反應。從酵素的名字就可以知道：它專門負責協助多酚進行氧化作用。字尾 -ase 代表它是酵素。人體必須進行許多生物化學反應以維持生命所需，而所有的新陳代謝反應都需要酵素協助。一旦欠缺某種酵素，它負責輔具的反應幾乎必須完全停擺或僅能龜速進行。以我個人為例，我體內的酒精分解酵素沒有功能，弄得我容易喝醉，不勝酒力。其他相關內容，請見本書第十三章。

讓我們回到剛剛談起的「食物腐壞議題」。食物腐壞就是發生了一連串我們不希望發生的化學反應。防腐的方法可分為物理

形式與化學形式。一、物理防腐法：利用冰箱及冰庫來保存食物，就是物理形式的防腐措施，效果良好。因為溫度越低，化學反應的速度越慢。二、化學防腐法：又可細分為三大類，包括（1）減少與氧氣的接觸、（2）抑制酵素法、（3）微生物抑制法。條條大路通羅馬，全都有助於化學防腐。

先來談談「減少與**氧氣**的接觸」。這一點不容易做到，因為空氣裡一定含有氧氣。食品製造業利用真空包裝法，在包裝內充入氮氣或氬氣（詳見本書第六章）等保護氣體，完全杜絕內容物與氧氣的接觸以延長食物的保存期限。原則上，充入包裝袋內的保護氣體多半是氮氣及二氧化碳。如果無法做到真空包裝，那麼袋子裡面的氧氣比率越低，食物與氧氣的接觸就越少，發生的氧化反應就越少。如何能夠在蘋果切開之後阻止它變成討厭的褐色呢？建議大家在蘋果切面上塗抹檸檬汁。檸檬汁含有大量的維生素 C，而維生素 C 則是優質的抗氧化劑。這個做法既可減少蘋果氧化，又符合健康原則。

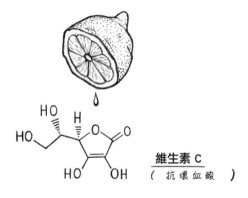

維生素 C

（ 抗壞血酸 ）

　　坊間大眾近來琅琅上口抗氧化劑（Antioxidant）這個關鍵字，相關的美容保養廣告更是蜂擁而至。不論是看字面意思，或基於化學專業觀點，我們都知道：抗氧化劑指的就是能夠減緩或抑制氧化作用的成分，而且它本身很容易被氧化。以蘋果切開後的氧化作用為例，抗氧化劑彷彿革命烈士般對氧原子高喊：「你放過多酚吧！找我和你一起氧化！」

　　抑制酵素法：檸檬汁酸溜溜的，屬於酸性物質，是許多酵素的頭號大敵。酵素結構複雜，重疊及折疊之後形成的 3D 立體結構簡直就像日本紙雕藝術般繁複。立體結構特徵是酵素催化活性的祕密武器。它先和 A 結合，形成新的幾何結構形狀，更適合 B 靠過來連結。如此酵素便催化了 A 與 B 的作用。但化學結構也是酵素失敗的原因，為什麼呢？如果反應過程中出現了酸性物質，酸性物質會破壞酵素原有的立體結構特色，彷彿將摺紙作品拆開壓平。酵素就這樣失去了催化功能，原本進行中的化學反應就會變慢下來。糖醋涼拌小黃瓜就是個好例子，透過醋酸來防止小黃瓜腐爛。

　　微生物抑制法：微生物能幫助醋酸一起醃製黃瓜，延長其保存期限。我必須再三強調：並非所有的細菌都是壞菌！有時候，好壞只是一線之隔。例如特定的乳酸菌菌株能將牛奶轉製成優格，讓牛奶變成帶有微酸風味、保存期較長而且美味的乳製品。順便一提，酸菜的製作原理也是如此，同樣具有防腐及長期保存的效果。

　　社會大眾認為醋酸和乳酸菌聯手很 OK，不構成問題。他們

抵制的是**化學防腐劑！**

　　「合成防腐劑」的定義是：由化學製藥實驗室製作出來的人工防腐劑。食物包裝的內容物成分經常標注著冠有神秘 E 號碼代號的合成防腐劑。**己二烯酸**（Sorbic acid）與其鹽類**己二烯酸鉀**（Sorbate）等酸類成分是最重要的合成防腐劑。它們的成分代碼是 E 200、E 202，或 E 203。這些防腐劑的化學結構有點像脂肪酸及其離子化合物，亦即其化學結構和肥皂有點相似。合成防腐劑的分解過程和天然脂肪酸的分解過程完全相同，不會產生毒素。在氣味與味道方面，己二烯酸與己二烯酸鉀相當的低調，它們無臭無味、不引人注意。

　　有時候，食品工業也會利用其他例如**苯甲酸**（Benzoic acid）與**苯甲酸鈉**（Benzoate）鹽類等合成防腐劑。其成分代碼為 E 210 至 E 213。苯甲酸能夠抑制酵母菌與嗜酸黴菌的生長。為了抑止發霉，食品工業經常在美乃滋、魚罐頭、酸性醃製物與軟性飲料當中添加苯甲酸做為防腐劑。與己二烯酸相比，苯甲酸顯得聲名狼藉。為什麼呢？有疑慮指出，苯甲酸可能引發兒童過動症。歐盟食品安全局表示，研究證據並不支持這項懷疑。不過官方單位還是認為，己二烯酸與己二烯酸鉀屬於安全性較高的合成防腐劑。

　　有些人說：「在自然界裡面，可以觀察到苯甲酸防止食物腐敗的例子，所以它很安全。但是，苯甲酸鈉乃化學合成產物，有害健康。」這類說法真是糟糕，顯示出對於化學的盲目偏見，完全在化學領域裡站不住腳。事實上，苯甲酸與苯甲酸鈉的成

分相同,只是在化學結構式方面略有差異!苯甲酸屬於羧酸
(carboxylic acid),乃帶有羧基的酸類有機化合物。苯甲酸鈉則是
苯甲酸的鈉鹽。與酸類相比,鹽類的化學結構比較容易形成離子
型態,水溶性相對較高。外在環境的酸鹼值會決定它們究竟以哪
一種型態存在。苯甲酸適合存在於鹼性(酸鹼值較高)環境中;
苯甲酸鹽類則多半喜歡酸性環境。食物如果本身偏酸,添加了苯
甲酸鈉防腐劑之後,苯甲酸鈉會自然而然地和鈉離子分手,然後
與氫離子結合,形成苯甲酸。所以,苯甲酸是「天然的」、苯甲
酸鈉是「化學合成的」之類的說法絕對不正確!防腐劑究竟是酸
還是鹽類,與其安全劑量無關,更不會因此出現過量的問題。

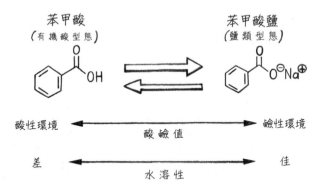

金身不壞的漢堡

　　食品裡的防腐劑添加量通常都不高,因為達成防腐效果並不

需高劑量。但防腐劑有沒有毒呢？則是另一個重要的議題！食品及其添加物的毒性問題必須詳加把關。化學實驗室的科技發展日新月異，目前更容易收集到長期追蹤研究的資料數據。雖然政府法令已經通過現有食品添加物的使用範圍及限量管制，但仍必須借助新的研究數據來定期檢核食品添加物。大家都知道，科學研究通常相當複雜，並且需要長期抗戰。研究一旦提出對於食安及健康議題的懷疑，整個社會都必須嚴陣以對，並儘早提出備案。若缺乏備案，可能造成民眾恐慌或產生對於化學的反感（化學歧視），無助於好好解決問題。

　　我能夠了解，為什麼社會大眾認為「天然ㄟ尚好」，針對人工合成的東西則保持敬謝不敏的態度。我個人也喜歡天然新鮮的食材，因為它們吃起來的味道就是不一樣。但你們是否知道：「天然」並不等於「新鮮」呢？以水果香氣為例，只要某種水果香氣的化學分子結構經過研究確定之後，即可進行人工合成並製成食用香精（化學產品！）。如果天然果香與合成果香的化學結構一致，那麼理論上它們擁有相同的香氣。不過，化學家發現：人造果香與天然水果香味還是稍有差異。大自然就像經驗老到的調香師，他巧手捻來，以複方調製天然果香。但合成香精通常只是單方。人工合成品也有優點，例如它的成分比天然物質還安全，因為它在製作過程中必須經過嚴格的成分檢測把關。

　　順便一提，產品包裝有時會加注「本產品僅使用天然香精」等字眼，但並非取自於該種天然果實。例如：天然椰果香並不是從椰子裡面提煉出來的，而是取自於馬索樹樹皮裡面的馬索內酯

（Massoial acton）。椰果香精的確來自於天然植物，卻非來自椰子本身。

　　購物時，除了注意保存期限之外，實在不應該一昧拒絕人工合成添加物。為什麼呢？以具有防腐效果的檸檬酸為例；天然檸檬酸來自於檸檬及芸香科植物，但是地球上的檸檬及芸香科植物產量並不足以供應全世界的需求，所以我們反倒應該慶幸至少還有化學合成的檸檬酸可供使用，而不必在意它究竟來自於其他植物或是由食品工業合成製作的。

　　親愛的讀者們，化學不一定不好！

　　提起化學，你們還記得神奇的麥當勞「長壽漢堡」嗎？ 1996年，韓凱倫（Karen Hanrahan）小姐買了一份麥當勞漢堡，卻忘了吃，然後一直帶在身邊。多年後，這個漢堡看起來和普通漢堡一模一樣，並未腐壞。2012 年的時候，我還聽人提起過這個金身不壞的漢堡。多年以來，它曾多次登上報紙頭條。這個漢堡裡頭到底加了些什麼「長生不老藥」啊？哪些化學混合成分有助於長久防腐呢？你我吃下肚的又是些什麼？

　　遺憾的是，這些問題都找不到令人滿意的回答。長壽漢堡裡面並未添加任何魔鬼成分，它只是在極短時間內變得異常乾燥，微生物因為找不到生長所需的水分而無法孳生，漢堡於是沒有腐壞。韓凱倫經常帶著這個變得超級乾燥的漢堡四處去宣導拒吃速食，並認為這個漢堡是抵制化學防腐劑的最佳證據。原則上，我也不贊成速食。許多研究也已經證實，人類還是少碰速食為妙。但是讓我生氣的是，韓凱倫為了宣傳她的理念，竟然模擬兩可地

顛倒科學發現！

　　長壽漢堡的例子究竟證明了些什麼？首先，這件事實指出：除了氧氣之外，水分含量也會造成食物不易保存而且腐壞。如何才可以減少食物裡的水分含量呢？人類於是發明了風乾法、糖漬法、鹽漬法等防止食物腐壞。鹽和糖的親水性都很高，它們會想方設法吸光食物裡原有的水分。一旦水分子和鹽離子或糖分子結合之後，微生物得不到水分就無法孳生。

　　還記得學生們前陣子曾經抗議要求學校餐廳不要添加防腐劑嗎？雖然業者未採納學生的抗議訴求，卻同意在菜單上加註防腐劑劑量，促使相關資訊更加透明。我擔心的是，註明防腐劑名稱及號碼代號會不會讓人覺得更加不安啊？防腐劑雖早已成為現代人膳食生活中的一部分，但絕大多數人幾乎對它們一無所知。因此我呼籲大家：好好認識化學，認識生活中與化學相關之所有細節、風險與契機。

　　一方面，我們應該盡量選購在地、當季、新鮮且無添加的食材。另一方面，去購物或外食的時候也請記住：未經過防腐程序的食材很難保存。而且人類的防腐技術已超過數百年以上的歷史了。

　　在五花八門的「食品添加物」當中，防腐劑只是扮演個小角色。基本上，我們必須感謝化學這門科學以及化學合成品。大家，你們擔心化學合成物有毒、不天然嗎？請回過頭來好好想想：我們吃的藥物、用的髮型定型噴霧劑、電線絕緣體塑料等等，這些都是化學合成或研發出來的。它們不僅對你我的日常生

活貢獻非凡，甚至還可以救人性命呢！誰說化學都是缺點？

　　對於化學，人們總是畏懼三分。例如，許多人害怕注射疫苗。近年來，許多嚴重的疾病都因為疫苗而逐漸淡出人們的記憶，疫苗成分的效果亦皆有目共睹。一輩子不會遇到水痘、麻疹、白喉或小兒麻痺等疾病，似乎變得理所當然。於是，人們變得不懂得去珍惜這份幸福，反而擔心疫苗的副作用。疫苗出現副作用的頻率少之又少，而且危險永遠小於疾病本身。

　　我承認，拿疫苗與化學相比的確有欠妥當。「化學只有優點，並不危險」之類的論述並不正確。我只是想警告大家，切勿一竿子打翻一船人。不過，連我自己或許都可能踏進偏見的陷阱而不自知。有一次我去藥局買感冒藥，藥師讓我在天然植物萃取劑與普通感冒藥當中二選一。我並未多問，毫不猶豫地選擇了化學合成藥物，因為在那個當下我只是盲目地相信：合成藥物的藥性肯定比較強。過了一段時間之後，我才恍然大悟地發現原來自己也有盲點。因為化學合成藥物不一定藥效較強，植物成分藥物未必藥效欠佳。

　　若可捐棄成見，時時自我省察，方能公平地對待化學與大自然，以期做出更佳的決定。

　　汀娜用手輕拍了我一下，眼睛瞥向學生餐廳門口方向。果然，恐龍寶寶正朝著我們的座位走過來。

　　我輕輕哼著一小段歌詞：「他屬於你……」

　　汀娜諷刺地回答說：「我應該問問他，想不想和我同居？」

不過這只是嘴巴賤，她心裡早已經接受了這隻小恐龍。

　　汀娜說：「他沒被你的蘋果乾嚇跑。我真替他感到驕傲。」

　　我回嘴說：「喂！我本來就是個好人耶！」

　　汀娜說：「我還是好媽媽呢！」

　　托本坐了下來，看著我，微微地笑了一笑，然後放了顆蘋果在我的餐盤上。哇！在我心裡，餐廳裡彷彿響起繽紛禮炮，人們熱烈地揮舞著慶祝旗幟。汀娜和我開懷大笑，托本也開始笑了起來。

　　汀娜小聲地嘀咕說：「冰山融化囉！」

8
共價相容

恐龍用很平靜的語調說：「老K所長剛剛訓了我一頓。」

汀娜保護幼雛的母性頓時爆棚，她提高音量問道：「什麼？怎麼一回事？老K又想做什麼？」我慢慢覺得，汀娜才是恐龍母子情的始作俑者。

「所長說，研究室裡面不能放盆栽，因為植物不符合我們的企業形象。」

我和汀娜異口同聲地問：「不符合什麼？」

我偶爾會慶幸自己不在學校工作。在這裡，腦筋真的會短路。

我問恐龍說：「你怎麼回他？」

恐龍平靜地回答：「我問他，是否需要我立刻移除那些盆栽？他卻暴怒地說：『有博士學位的人，怎麼能問這種愚蠢的問

題！』」。

　　老 K 所長可能已經很久沒聽過「不」這個字了。他身居高位，系上誰敢頂撞他？社會裡充斥著層級制度，這是屢見不鮮的現象；但在大學裡面又更加弔詭。民營公司的主管制度一層又一層；董事會還必須接受股東或工會的管轄。但在大學裡，教授地位超高，可謂一「神」之下萬人之上。加上自然科學教授多半是無神論者，因此他們簡直就站在權力金字塔的最頂端。

　　當然，許多教授也很棒，例如汀娜和我的指導教授就是楷模典範。如果不是因為他的好榜樣，汀娜早就投身業界賺大錢去了，這無異是學界及研究領域的大損失。世上願意簽短期工作契約、忍受無敵高壓，卻僅支取微薄薪資的人，實在少之又少。千里馬至少應該得到伯樂的支持與賞識。但現實狀況恰恰相反。讓我透過下述故事，帶大家領略一下科學界的層級制度以及學術血汗工廠現況。一九九六年，在聞名世界的加州理工學院裡，有位在化學界大放異彩的埃里克・卡雷拉教授（Erick M. Carreira）。他寫了一封信給他的博士後研究員奎多。這封信後來被流傳開來。我盡力翻譯如下：

奎多

　　透過這封信，我想告訴你研究團隊對你的期望。除了正規上班時間之外，我希望研究室全部的成員每天晚上以及週末都能來工作。這是加州理工學院的規定。當然，我可以瞭解，你偶爾需要時間去處理私事，以至於無法完全擔當起研究室的責任。但

我無法接受這種情況變成常態。我發現，你曾經週末翹班，最近連晚上都不來工作。除此之外，你甚至還請了休假。休假是獎勵努力工作的人；這一點，我毫不反對。但你一直翹班又請休假，嚴重地影響了研究計畫進度。我認為，這對你的研究百害而無一利。希望你盡速糾正你的工作道德。我每天至少會收到一封博士後研究員的應徵文件，不僅來自美國本土，更來自於全世界。如果你無法遵守工作上的時間要求，找人取代你應該是輕而易舉。
此致，
埃里克‧卡雷拉教授

　　這封信流傳開來之後群情憤怒，不過其中所言皆為事實。與信件中提及之血汗要求相比，卡雷拉教授的直接挑釁更讓人震驚。大學及研究領域裡的人力剝削早已成為稀鬆平常，我聽過的故事足夠寫一本書。

　　當年卡雷拉教授寫這封信的時候，面對的情況有點像汀娜目前遇到的狀況。已經三十三歲的副教授究竟應該「繼續或放棄」科學研究的學術生涯呢？卡雷拉如今是國際著名的有機化學教授，聽說他現在相當淡定，不再那麼緊張兮兮了。

　　我還認識其他幾位年輕的研究人員。他們都像汀娜一樣，對未來抱持著樂觀。我希望，他們在大學任教幾年之後仍然能夠保持人性。汀娜常說，一旦她開始剝削虐待學生，我必須狠狠揍她一頓，叫她趕快清醒過來。

人與人關係就像化學鍵

人際關係超級重要，在化學領域裡也是如此。原子如何變成分子？分子與分子之間的化學反應又是如何？這些才是化學有趣的地方。化學鍵與人際關係之間的相似點倒是挺多的。例如朋友圈當中有一對名字相似的情侶，男的叫史蒂夫，女的叫史蒂芬。名字聽起來很齊心協力，但個性卻南轅北轍。兩人經常吵架，或者應該說，史蒂女特別喜歡吵架，史蒂男則沉默忍受。他們的關係很不平等，史蒂女氣勢凌人，史蒂男則是溫良恭儉讓。汀娜認為，史蒂男很可憐。我卻猜想，這可能就是史蒂男需要的模式，而且他只能如此。兩人在一起很久了，也以他們自己的方式過得很幸福。汀娜認為這倆人呈現「介穩鍵」（meta stabile binding）關係，我卻會用「離子鍵」來形容他們。

化學鍵是粒子之間的結合模式；粒子可以是原子或分子。透過化學鍵，粒子可以組成化學物質。化學鍵至少可分成三大類型，包括：一、離子鍵；二、原子鍵，又稱為共價鍵，以及三、金屬鍵（Metallic bonding）。**化學鍵的形成乃是透過原子間電子的共用或轉移**。更準確的說法是，第二章提過：透過最外層電子的共用或轉移，方可形成化學鍵。這過程中遵循著「八隅體原則」。至於究竟會形成哪一種類型的化學鍵，取決於參與化學反應粒子之電子分配情況。

離子鍵 (Ionic bonding)

　　兩原子在結合的時候，其中一個原子會從另一個原子那裡搶走一個、兩個，或多個電子，以符合八隅體原則，之前提過的氯化鈉（食鹽）或牙膏當中的氟化鈉成分就是很好的例子。作用的時候，會形成正負離子以及陰陽兩極（詳見本書第二章）。如同世間有情人一般，正負離子彼此吸引並形成鍵結。這就是形成離子鍵的由來！

　　不過，人類感情通常指的是一對一關係，然而，藉由離子鍵所形成的離子化合物，以氯化鈉為例，卻不單單只是一個鈉正離子和一個氯負離子之間的關係，而是許許多多鈉離子和氯離子藉由離子鍵鍵結所形成的立體結構。離子鍵可以朝任意各個方向延伸出去。正負兩類離子交替排列，井然有序地形成規則的立體結構，乃所謂之「離子晶體」(ionic crystal)。食鹽氯化鈉的離子晶體結構呈立方體形狀，如圖：

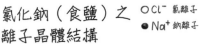

氯化鈉（食鹽）之　○Cl⁻ 氯離子
離子晶體結構　　　●Na⁺ 鈉離子

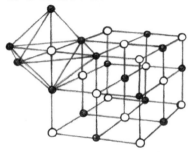

　　第二章曾將這類化合物稱為化學界的「模範婚姻」。不過現在看看這個圖：一個鈉離子被六個氯離子包圍住，嗯……模範婚姻的比喻似乎不太恰當。離子鍵架構在不對等關係之上，一方全然付出，另一方只是獲得。兩方卻因此而幸福快樂。從結局來看，這和史帝夫及史蒂芬的關係很像，他們並不願意改變。（這也和第六章提到的氧化還原反應很相似）。外人或許會對史帝夫一掬同情之心，批評史蒂芬過於潑辣。

　　但對當事人而言，這就是一種完美的伴侶關係。除此之外，其他類型的人類互動關係亦可透過離子鍵的化學形成原則加以比擬。我認為，汀娜和小恐龍之間也存在著離子鍵關係。

原子鍵（Atomic bonding）

　　來分析一下汀娜和我的關係型態。第二章曾經提過，氟與碳結合成為鐵氟龍化合物，其中的有機長鏈就是一種**原子鍵**，又稱為**共價鍵**（covalent bond）。我個人比較偏好「共價鍵」的說法，因為原子鍵聽起來比較空泛。原子之間的鍵結不就是原子鍵嗎？

　　它們並非透過正負相吸的靜電反應來形成化學鍵，而是透過「共用」「外圍電子」來形成化學鍵，因此稱為共價。本書曾提過的共價化合物包括：

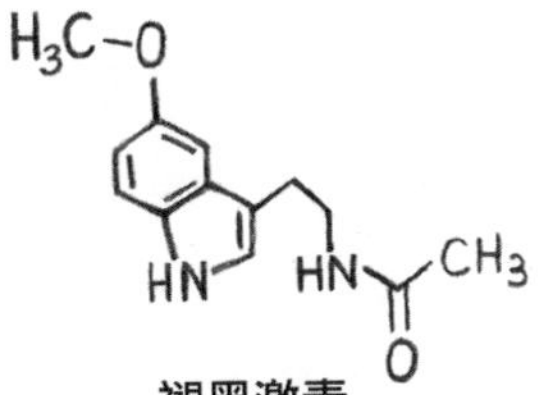

褪黑激素

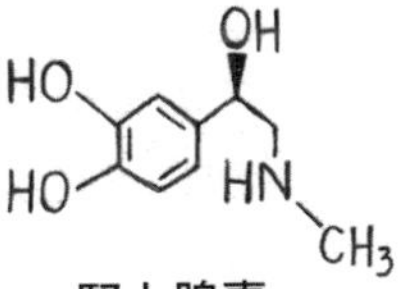

腎上腺素

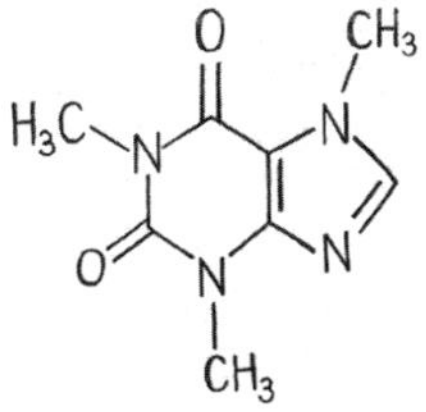

咖啡因

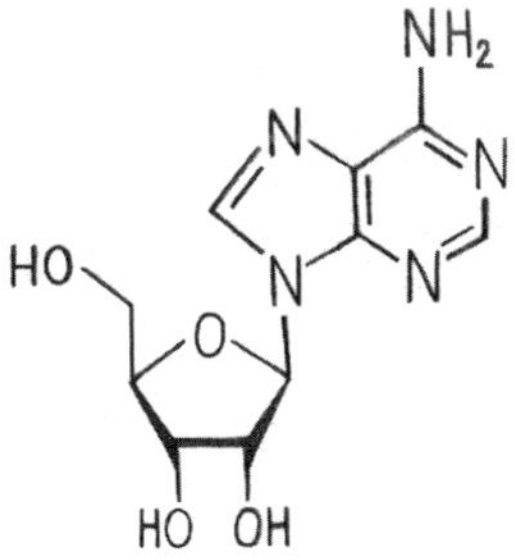

腺苷

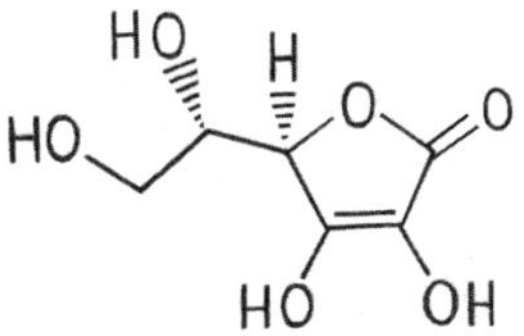

抗壞血酸

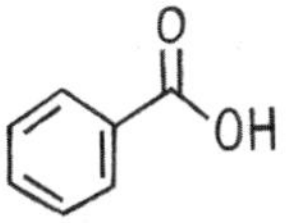

苯甲酸

　　化學結構簡式當中的每一條線都代表著共價鍵。未額外標示的線條交接處，則是碳原子。人類生活中充斥著有機物質，大多數的化合物分子都含有碳（C）及碳氫鍵（例如 CH、CH_2、CH_3），在化學結構鍵線式當中通常予以省略。如下圖所示：

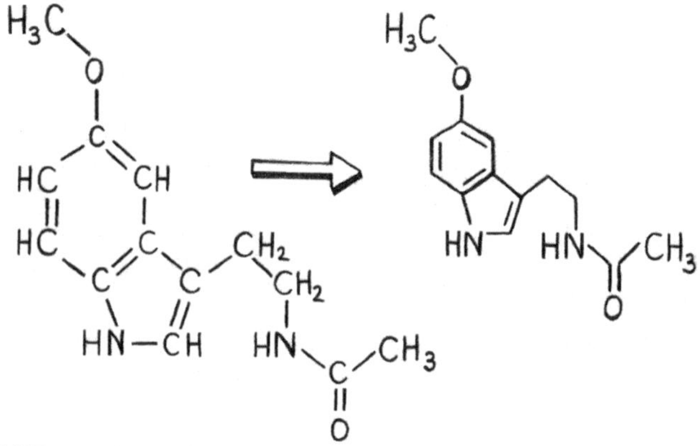

以褪黑激素為例
左：化學結構簡式
右：化學結構鍵線式（圖中省略標註「碳」及「碳氫鍵」）

　　碳原子最容易和其他原子一起形成共價鍵。有機化合物乃所有生命型態的基礎。共價鍵與離子鍵之間的差異在於：共價鍵有鍵角及方向的限制，無法隨意延伸。人類的 DNA 以及大型複雜的蛋白質分子等都是透過共價鍵所形成之精密的分子結構。另外一方面，簡單的氣體小分子也經常可以觀察到共價鍵結構。共價鍵化合物與離子鍵化合物的主要差異就是後者多半極為龐大，而

且呈現固態晶體結構。

離子鍵與共價鍵的分野並非絕對。當不同種的原子形成共價鍵的時候，兩個原子吸引電子的能力並不相同，因此共用電子會偏向吸引電子能力較強的那一方原子。亦即取決於所謂的**電負性**（Electronegativity）。電負性指的是元素原子吸引電子能力的一種相對標度；元素的電負性越大，吸引電子的傾向也越大。如果是兩個相同的原子，它們吸引電子的能力相同，因此外層的共用電子公平地不偏向任何一方。

當兩個不同種類的原子透過共價鍵結合在一起的時候，以氫原子（H）和氧原子（O）結合成水分子（H_2O）為例，氧原子的電負性大於氫原子，因此會把共用電子吸得比較靠近氧原子，導致氧原子這邊的**電子密度**高。這會讓吸引電子能力較弱的原子，在例子中指的就是氫原子，相對地呈現正電性。亦即呈現所謂的**極性**。在此情況下，氧原子帶有**部分負電荷**（partial negative charge），水帶有**部分正電荷**（partial positive charge）。雖然是共價鍵，卻帶有少許離子鍵的特點。因此，這類分子當中的共價鍵又被稱為**極性原子鍵**（polar atomic bond）或**極性共價鍵**（polar covalent bond）。

兩個原子之間的電負性如果差距很大，其中一方將搶走所有的電子，那麼就會變成以離子鍵鍵結的化合物。

我用這兩種化學鍵來分析人際關係。還挺有趣的。有些人喜歡跟自己完全不同類型的人做朋友。我卻是典型的共價型。不論找配偶，或是交朋友，我都採取「共價兼容」的原則。這樣的社

交圈或許平淡無奇，卻也有優點。例如當汀娜替我籌辦婚前「閨蜜之夜」的時候，許多受邀者之前並不認識；但汀娜相當訝異，大夥和樂融融，一點都不複雜。原因就在於我的共價兼容的交友偏好吧！

金屬鍵（Metallic bonding）

　　與離子鍵及共價鍵相比，金屬鍵自成一派，它是金屬原子之間的鍵結方式。現在，你手裡是否湊巧地拿著金塊、鐵釘或第一章裡被比喻成攀爬架的湯匙呢？不論如何，從第一章談過的熱能傳導主題開始，一直到目前的第八章，大家的化學實力都進步了不少，對吧？

　　化學元素可分為金屬、非金屬兩大類。約八成的週期表元素擁有金屬特徵。金屬元素最有趣的特徵在於其原子之鍵結方式，亦即所謂的**電子雲模型**。金屬離子並非緊緊固定在原子外層，而是自由地圍繞著原子核移動，沒有固定的軌跡與方向。正因為金屬離子飄渺不定，所以科學家嘗試以「電子雲」來描述不受束縛、隨機運動的金屬離子。

　　在「共享行為」方面，金屬鍵與共價鍵有些相似。金屬原子之間共用遊走於空價軌域裡的電子雲。

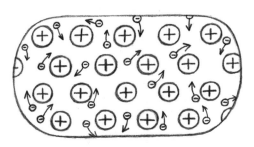

電 子 雲 模 型

　　金屬原子貢獻出電子，讓電子脫離原子而遊走在電子雲當中，這意謂著金屬原子失去了電子，原先的原子核變成帶有正電荷。整個金屬**原子基體**（Atomrumpf），亦即整個金屬架構帶有正電荷，形成所謂的**金屬晶體**。帶正電的金屬原子基體與電子雲裡面的負電子彼此吸引，這跟「離子晶體」內的情況有些相似。只不過，金屬電子遊走在電子雲當中，顯得更加自由。因此，金屬晶體不像離子晶體那麼死板，這也締造了金屬的特點。

　　基於電子雲模型，金屬具有下述三大特點：

　　第一：金屬具有良好的導電性。

　　電流就是電子的移動。與電子雲的移動相比，電子的移動能力當然更勝一籌。將電池正負極接上金屬鋼絲線，很容易就看出來金屬的導電性。

　　第二：金屬具有良好的導熱性。

　　複習一下第一章提過的，為什麼金屬湯匙摸起來比木頭桌面來得冰冷呢？這個問題已經教會我們：導熱完全取決於粒子碰撞

交換能量的能力。木頭裡面的鍵結屬於共價鍵,與金屬鍵相比顯得比較呆板,導熱差。因為金屬外層電子的自由度比木頭來得相對地高;電子雲裡的金屬電子越自由,越容易彼此碰撞,導熱能力就越優秀。

第三:金屬具有良好的延展性。

延展力高,並不一定代表材質柔軟。延展與硬度是風馬牛不相干的兩件事。金屬既硬,又具延展力。用力去折木棍或玻璃棒,一定會斷。相對的,用力彎折金屬棒,金屬棒並不容易被折斷。這是因為金屬鍵外層電子未被束縛,在電子雲裡被共用的自由電子允許金屬原子彼此間透過滑移通過,因此金屬能夠承受敲打冶煉,並不會破裂。

很有趣吧?推本溯源,物質的物理或生物特性其實皆來自其化學結構特徵。酷吧?更酷的是,運用這些知識,我們可以「量身訂做」具有特定特徵的分子與材料!這還不夠炫嗎?我實在無法想像,怎麼會有人討厭這麼酷的科學領域!

汀娜悲慘地看著手機、大叫一聲,把我拉回現實。

我問她:「怎麼了?」

汀娜沮喪地回答:「特斯拉二世拒絕我了。他選擇去老 K 的研究室當博士生。」

前陣子有個優秀的學生來找汀娜擔任博士論文指導教授。面談時,他給汀娜留下很好的印象,加上他容貌神似科學家尼古拉‧特斯拉(Nikola Tesla)年輕的時候,於是我們給他冠上「特

斯拉二世」的封號。汀娜的研究團隊雖然迷你，但她擅長挑選合適的人才。新進者必須既懂得做研究，也願意團隊合作；這兩個條件組合在一起，才是汀娜的選才重點。她認為，團隊氣氛必須要有建設性並充滿激勵人心的力量。因此，她曾經拒絕了一位有研究實力，卻無法與團隊互動的應徵者。特斯拉二世完美地符合所有條件，但他也去其他九間研究室應徵。大多數的學生都希望成為老 K 所長的博士生，因為他是著名的正教授，又擔任所長。選擇新成立的團隊，也不知道助理教授將來會不會出名，無異必須承擔風險。在助理教授研究室，博士生通常能得到比較優質的專業指導，但也可能像之前提過的加州理工卡雷拉教授的故事一樣，助理教授面對超大研究壓力的時候，很可能就會壓榨博士生。唉，我認為，這名年輕學生很快就會後悔他今天的決定。

汀娜說：「未來幾年裡，老 K 一定會把他吃乾抹淨。」

我抱抱她，安慰說：「今天都是壞消息，真糟糕啊！」

「嗯……」

恐龍寶寶看起來也是愁眉苦臉的。

我說：「今天晚上來我家吃飯吧！我煮大餐！」

汀娜很猶豫。她只想更拚命工作，更快成功，不再讓老 K 把優秀的人才都搶光光。怎麼會有時間吃晚餐呢？

我堅決地向這對恐龍母子下達命令：「今晚七點。你們兩個人一起過來。不准說不！」

9
臭之化學

搭公車回家的路上，一股汗臭味逼得我提早兩站下車。難以置信，鄰座的帥哥竟然是這股「致命薰風」的始作俑者。下車時，我再次確定是他，因為從他身上散發出陣陣「反式 -3- 甲烯 -2- 己烯酸」（trans-3-Methyl-2-hexenoic acid，縮寫為 TMHA）的味道。TMHA 是己酸（caproic acid）的親戚。**己酸**是一種**脂肪酸**，其拉丁字首 capra 是「羊」的意思，表示該味道聞起來有股羊騷味。

己酸屬**飽和脂肪酸**（saturated fatty acid）。這類脂肪酸分子的全數化學鍵都是「飽和鍵」，不含有任何的雙鍵（雙鍵就是「不飽和鍵」）。如果在己酸的化學結構式當中加入一個不飽和鍵，那麼它就會變成**不飽和脂肪酸**（Unsaturated fatty acid）；於其雙鍵處再加上甲烯基，就會變成 TMHA 分子，也就是汗酸味的來源。

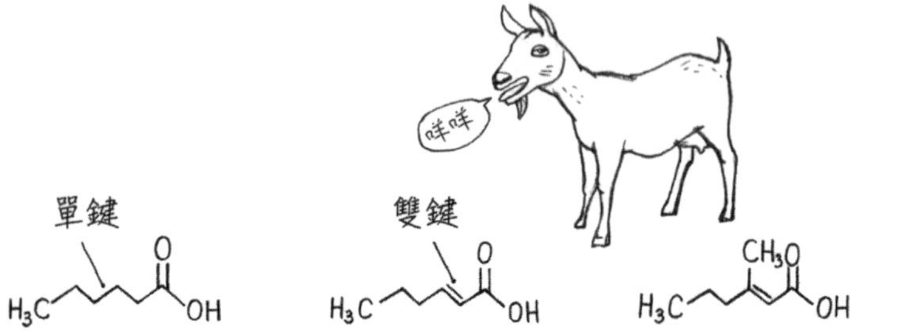

單鍵　　　　　　　雙鍵

己酸
（飽和脂肪酸）　　　（不飽和脂肪酸）

反式-3-甲烯-2-己烯酸
（TMHA）

　「好噁心！」大家或許不想聊這個話題，寧可學習飽和及不飽和脂肪酸。我雖然也不喜歡衝天臭氣，但是這個題目真的超級有趣。關於脂肪酸的知識，就留待晚餐時間吧！

　氣味來自分子的**揮發性**。揮發的意思就是容易蒸發。聞到臭味，事實上就是臭味分子飄進了嗅覺系統。剛剛在公車裡，臭汗哥的臭汗分子真的從他的腋下飄進了我的鼻孔裡。這事實慘痛地令人難以接受，但卻千真萬確。

臭味實驗室

　氣味屬於機化學的研究範疇。不僅芳香味化合物與調味料屬於有機分子大家庭，臭味也是。化學課將**有機化學**（Organic chemistry）簡稱為 OC。簡簡單單的兩個字，卻讓人又愛又恨，因為修這個科目的時候必須死背很多內容。從前有一次，我一邊

動手畫著化學結構式一邊記誦，室友說：「你真是金頭腦耶，還記得住這些結構式！」我倒是認為，真正厲害的是研究出化學分子結構特徵的科學家，因為化學分子根本「無影無形」，如何去研究它們的結構形狀呢？從這一點看來，化學真的是一門出類拔萃的科目啊！除了學習理論之外，化學系學生必須花很多時間做實驗。我們稱之為**實習**，雖然這個說法可能引起其他專業科系的誤解，但化學系還是保留這個習慣說法。有機化學實習很難，不僅讓人喪氣地只想轉系，甚至還會導致心情低迷懷疑人生。另一方面，它卻超級有趣，例如有機化學裡相當重要的一環就是**合成**（Synthese），亦即「從零開始」製作新的化學分子。用自己的雙手實驗合成出肉眼不可見、甚至連最棒的顯微鏡都無法一窺其美妙的分子……這感覺多麼酷啊！自己彷彿神奇地晉身魔術大師之列！不過，有機化學實習超血汗的，並且百味雜陳。如果你臨時找不到有機化學實驗室的位置，只需要按「味」索驥就可以找到，而且靠的不是香氣，而是臭味。從前我做完有機實驗之後，在搭車回家途中總是薰暈了車上一票乘客。唉，真是不堪回首話當年！超丟臉的！今天公車裡的汗臭哥應該跟我當年一樣，都相當無奈啊！TMHS 屬於有機化合物分子。很多人體部位都會發臭。請見下頁圖：

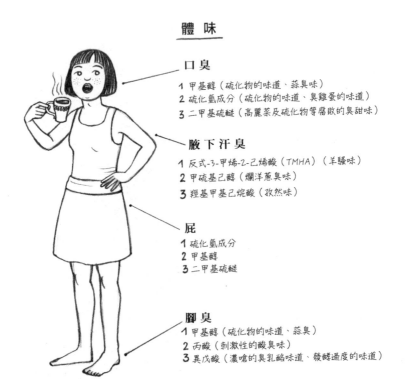

體 味

口 臭
1 甲基醇（硫化物的味道、蒜臭味）
2 硫化氫成分（硫化物的味道、臭雞蛋的味道）
3 二甲基硫醚（高麗菜及硫化物等腐敗的臭甜味）

腋 下 汗 臭
1 反式-3-甲烯-2-乙烯酸（TMHA）（羊騷味）
2 甲硫基己醇（爛洋蔥臭味）
3 羥基甲基己烷酸（孜然味）

屁
1 硫化氫成分
2 甲基醇
3 二甲基硫醚

腳 臭
1 甲基醇（硫化物的味道、蒜臭）
2 丙酸（刺激性的酸臭味）
3 異戊酸（濃嗆的臭乳酪味道、發酵過度的味道）

　　停，暫停一下！請先想想，化學家究竟如何得知臭味分子的
化學式呢？透過理論推演嗎？絕對不可能！當然是藉由實驗來
確定臭味分子的化學組成。

　　讓我來告訴大家一個特別好笑的故事：1998 年，在美國明
尼蘇達州明尼亞波利斯有位科學家研究 16 名受試者的胃脹氣問
題。受試者必須在實驗前晚及實驗早上各多攝取 200 克豆類與 15
克乳果糖（Lactulose）。乳果糖有助於腸道益生菌迅速繁殖；腸

道細菌分解乳果糖的時候會產生氣體，導致放屁。實驗當日，受試者必須收集自己排出的氣體。實驗結果以氣相色譜法等方法分析。值得注意的是，這項實驗還邀請兩位「好鼻師」來鑑定收集到的氣體惡臭特徵。為什麼只請兩位？唉，替科學實驗做臭氣鑑定的人才數目很有限的。此外，他們的嗅覺必須非常厲害，方可進行科學的精確評估。這兩位好鼻師的工作經歷業已證實其高超的嗅覺能力，可對氣體臭味做出「量化分析」與「質化分析」。量化分析指的是例如：以〇（無味）到八（惡臭）等級來判定氣體樣本的臭味強度。質化分析指的是：精確地描述每種單一氣體的特徵，聞起來像有硫化物的味道？臭雞蛋的味道？還是臭甜味？如果只將該氣味描述為很「噁心」，則顯得不夠具體。

　　放屁所排出的氣體多半是氫氣、氮氣、二氧化碳，這些氣體都沒有味道。科學家發現，真正有臭味的氣體絕大多數是硫氫化合物（聞起來像臭雞蛋），然後是甲基硫醇（聞起來像腐敗的蔬菜），以及二甲硫醚（臭甜味）。

　　這類知識有什麼用處呢？哎呀，科學研究並不一定具有實用價值。研究工作的核心在於更進一步瞭解這個世界，當然也包括瞭解這些氣體在內。上述研究還有續集，而且相當有趣：研究者請受試者穿上防水褲，以強力膠帶黏緊，並以修補腳踏車內胎的方法確定褲子百分之百密不透風。防水褲上面有個連接管，負責收集全數的排氣以供分析。防水褲裡裝有活性碳塗層濾墊，因此可吸收硫化氫之類的分子。所以，活性碳濾墊的用途在於防止產生臭氣！這項實驗計畫主持人測量剩餘的臭味分子，並測量活

性碳濾墊的除臭功效。科學家甚至以普通濾墊當做「安慰劑」濾墊，藉以保證研究方法的正確性。

　　這項實驗的結果又是如何呢？活性碳濾墊防水褲真的具有除臭效果。活性碳濾墊能夠吸收九成以上的硫化物氣體。最重要的事一定要在這裡告訴你們：這個濾墊的大小 43,5 X 38 X 2,5 公分，大概就跟枕頭一樣大！難怪紡織業遲遲未應用這項科學發明結果，試想誰願意在褲子裡塞個枕頭，僅僅為了去除屁味？不過，這就是科學研究。成功的科研結果與實際應用之間無法畫上等號，甚至經常隔著天壤之別。

　　幸好，號稱「天下無敵臭」的分子並不存於大自然裡，而是由人工合成。這個小分子看起來一副無害單純模樣，卻是臭氣沖天，化學學名是硫代丙酮（Thioacetone）。

　　硫代丙酮的化學結構式雖然很簡單，製備卻不容易。通常必須先製作它的「三聚體」（trimer），亦即由三個相同的硫代丙酮分子化合生成的產物，然後再透過高溫讓硫代丙酮三聚體進行裂化反應，以製備硫代丙酮。

　　剛剛不是說過硫代丙酮「天下無敵臭」嗎？那麼還有人會想去製備硫代丙酮嗎？的確有！第一批在化學實驗室裡製作硫代丙酮的化學家來自於德國芙萊堡大學。他們在 1889 年的實驗日誌記錄著：

　　我們小心謹慎地進行蒸餾，再以水蒸氣降溫。剛剛製成的硫

代丙酮瞬間就「臭」傳千里。在距離實驗室八百公尺遠的地方及鄰近社區裡,都瀰漫著這股臭味。實驗室附近的居民抱怨說,有人聞到臭味之後覺得噁心、嘔吐,甚至昏倒。

　　噁心惡臭都無法遏阻當年那批科學家的好奇心。由此可見,他們一心想追求科學真相,無疑是一群貨真價實的科學家。後來迫於鄰居抗議連連,研究者只好中止實驗。該項研究並無任何應用可能(臭味或可當作武器?)。硫代丙酮的純化分離過程非常困難。僅僅如此,就完全值得「以身試險」了!科學就是在於挑戰可能之極限。

　　當年芙萊堡大學的故事證明:在那麼多的化學家裡面,最瘋狂的就是有機化學家。至少我個人如此認為,搞有機化學的人工作最勤奮。我家老爸就是有機化學家,湊巧後來轉去研究聚合物。他的博士論文題目探討香味,包括研究剛出爐的麵包香味在內。媽媽常說,老爸那時候下班回家時全身都香噴噴的。我先生馬修也主修有機化學;他讀博士班的時候,我卻沒像我媽那麼幸運。他的研究室就在實驗室裡面,而且完全沒有隔間。雖然我自己唸博士班的時候也在實驗室裡有張書桌,但我們研究室不搞毒物化學。相反的,馬修和其他五位同事都專攻有機化學。唉!他們不僅日以繼夜地在工作台上做著有毒物質的合成實驗,還坐在書桌旁一直呼吸著有毒氣體。雖然實驗室裡有抽風設備,盡量降低他們與化學物質的接觸機會,但多多少少還是會沾染到一些有毒成分。所以,馬修一回家就必須把實驗衣與上班時的衣物脫在

特定的洗衣籃裡，然後立刻洗澡，不然不准碰我。他身上幾乎每天都充滿著有機化學的味道。如果連在家的我都聞得到，那麼他在實驗室裡究竟吸入多少毒氣呢？這讓人覺得憤怒，真想破口大罵馬修的指導教授兼老闆、罵有機化學研究所以及整所大學。德國既然是先進國家，為什麼不能提供化學所博士生實驗室以外的研究空間呢？

在大自然裡，臭味傳遞的訊息就是「趕快離開」，例如：路人甲散發出陣陣臭味，表示他可能有傳染病或細菌，其他人應該儘速遠離。如果臭就是毒、毒就會臭，倒也實際並且容易辨認。可惜，有害物質通常都很不顯眼。事實上，發出臭味的成分未必有害，同樣的，有害物質未必臭氣沖天。

剛開始唸化學系的時候，酸性物質簡直是我們的頭號大敵。**酸鹼中和**（Acidbase titration）實驗的材料之一就是鹽酸。同學們都提心吊膽，害怕皮膚碰到鹽酸會被腐蝕。後來，大家很快就適應得很好，實驗態度變得既有自信更熟練，而且大家對鹽酸的恐懼變小了，因為知道皮膚碰到酸性物質時會馬上有感覺，能夠立即反應沖洗以降低傷害。毫無存在感的化學藥品才可怕，因為它們可能多年後才導致癌症病發。有機實習的時候，最令人印象深刻的是結晶紫染色劑的合成實驗，最終產物是一種金屬般發光的銅金色結晶。極少量結晶溶於水之後，就會變成所謂的「紫藥水」，可用於消毒殺菌。但此項實驗的最主要目的並不在於製備染色劑，而是讓我們體會到清洗實驗器材的千辛萬苦。結晶紫不僅顏色很濃烈，脫色難度更高。我們一直不停地刷洗，但所有實

驗器材的顏色卻越變越深。那時候我們才瞭解，原來這就是實驗室抽風設備以及實驗衣每天必然遭受的悲慘命運。當時我和同學們都還是實驗菜鳥，不太懂得清洗染劑的技巧，因此好幾個星期過去之後，抽風設備以及實驗衣上面都還會赫然出現紫色的痕跡。後來我情願處理有毒成分，也不想再碰有色染劑。

擔任科技記者之後，我反而懷念起實驗室的工作。來找汀娜的時候，我總是表現出對於舊日時光的依依不捨。汀娜有點生氣，認為我不應該對實驗室還存著浪漫的想法。的確，化學系的大學生及碩士生在寒暑假必須實習，毫無假期可言，唸博士班的時候更沒有休假機會。這代表，我生命中整整九年的時間都貢獻給了化學實驗。無論春夏秋冬，我都必須全副武裝地在實驗室裡奮戰，有時候夏天流汗流到眼鏡鏡片都起霧看不清楚了。相較之下，離開化學實驗室工作的我現在正享受著夏天的愉快氛圍，穿著涼鞋輕鬆地散步回家。我應該慶幸自己辭去了化學研究室的工作。你問我想不想念當年？不想，絕對不想！

體香劑和止汗劑

提起夏天，就來談談流汗吧！排汗機制能夠幫助我們適應比較高溫的環境。除了 TMHA 等臭味分子之外，汗水裡面含量最高的組成成分首推水分。水分會蒸發，但物質狀態的變化需要藉助能量。從液態的水分子變成水蒸氣的時候，需要例如透過熱能來拉大液態水分子彼此間的距離。汗水蒸發時之熱能來源就是來

自於人體體表熱度。流汗時帶走了體表的熱，體表得以降溫，於是稍感涼爽。

如此看來，使用「止汗劑」並非明智之舉。請不要誤會我的意思，我並不反對這類產品。如果剛剛公車裡的那位臭汗哥使用止汗劑控制了出汗狀況，我就不需要提早下車啦！大家知道體香劑（deodorant）和止汗劑（antiperspirant）並不相同嗎？

體香劑含有酒精一類的殺菌成分，能夠消除難聞的氣味。汗水基本上沒有味道，真正汗臭味來源的 TMHA 分子則是細菌新陳代謝產物。又是細菌！人類簡直就是移動式的細菌生態系！關於汗臭味這件事，其實就是我們根本沒發現自己腋下已經成為細菌的住處。當汗水滲出皮膚毛孔的時候，這些細菌就開始分解其中的蛋白質。臭味分子就是蛋白質分解之後的產物。體香劑產品能夠殺死細菌或抑制細菌生長，再加上一些香水成分，即可避免汗臭味薰暈其他公車乘客。

止汗劑和體香劑最大的差別又是什麼呢？止汗劑必須含有鋁鹽成分（Aluminium salt），方可抑制汗水分泌。鋁鹽成分會堵住汗腺，進而減少排汗量。我個人認為，這樣的解決方式並不優雅。汗腺被塞住的畫面，無論再怎麼想都覺得不舒服。大家同意嗎？

目前，鋁鹽成分簡直惡名昭彰。有人擔心它可能提高罹患乳癌及阿茲海默症的風險。這類負面說法迄今仍缺乏科學證據支持，僅止於猜測而已。就算止汗劑不會引發乳癌，我個人還是覺得維持汗腺暢通比較好。不過，腋下衣服濕一大片真的讓人覺得很尷尬，所以我仍然會使用止汗劑。很想問問全世界：為什麼大

家不乾脆統一接受腋下飆汗現象就好呢？

　　剛剛下車散步時，我看見有人在遛狗。可憐的汪星人，汗腺不發達，夏天裡只好猛吐舌頭散熱。澳洲袋鼠在日正當中的夏季裡經常舔舐自己身上的皮毛，又是為了什麼呢？這是因為澳洲袋鼠懂得利用身上體溫的熱能來讓口水蒸發，水分蒸發時帶走皮毛上的熱能，如此即可達到讓身體降溫的目的。人類為什麼發明止汗劑來自願塞住汗腺啊？這種做法會不會讓汪星人及袋鼠嘲笑我們呢？

　　我的物理系好友漢斯，夏天都穿排汗機能衣。乍聽之下很合理，不是嗎？但這種做法只企圖從物理層面解決問題，卻忽略了其中的化學觀點：機能衣的聚脂纖維材質是葡萄球菌的繁衍天堂，細菌數目越多，分解汗水之後形成的臭味分子數量也就越多。難怪，穿過的機能衣及運動服通常都奇臭無比。

　　再以公車汗臭哥為例，他並沒有錯，是我個人因為無法忍受

他的味道而決定提早下車的。因此，我在此建議化妝品工業研發「鼻香劑」，只要往鼻子裡一噴，臭味立刻變香氣。這麼一來，夏季飆汗就不會引起別人窒息。

　　原則上，鼻香劑的研發技術並不困難。空氣清新劑裡面有一種所謂的**環糊精**成分（Cyclodextrin）。它的結構是個中空的環狀物，中空的空腔能夠包覆住空氣裡的臭味分子。少許環糊精便可將飄入鼻腔內的氣味分子團團圍

住。遺憾的是：除了臭味以外，香味也會被拒之「鼻」外。尤其在進餐的時候，就聞不到佳餚香氣。不僅如此，連味覺都會受到連帶影響。因為人類雖然透過味蕾獲得味覺，但是餐點散發出來的芳香分子也會影響味覺感受。這就是大家常常念茲在茲的「色香味、色香味」啊！你如果不相信，不妨捏住鼻子試吃一下蘋果與洋蔥。你將驚訝地發現，少了嗅覺輔助，這兩種食物吃起來的味道還挺像的。

　　談起食物，對了，汀娜及恐龍寶寶等一會兒要來我家聚餐。家裡沒有做巧克力甜點的材料了。我得去超市一趟。大家跟我一起去逛超市吧？

10
水 的 祕 密

　　聽見「化學家」三個字，大家會想起什麼呢？老爸是我認識的第一位化學家，我對他的最初的印象是：他站在超市貨架前面研究著商品包裝上的成分說明。他總是花很多時間在超市裡流連忘返。孩童時代的我，邊看著爸爸邊想：透過閱讀就可以瞭解世界，真酷啊！

　　我並不像老爸那麼執著。逛超市的時候，我只會偶爾留意一些詐騙的行銷廣告，因為它們利用專業的化學知識已經到了厚顏無恥的地步。今天先逛逛飲料區吧！一眼就看見架上放著可口可樂公司推出的高端瓶裝水 Smart Water。之前我暫居美國的時候，就曾經因為這個瓶裝水品牌而憤怒不已，它現在竟然也進入了德國市場。這個品牌強調它並非普通的礦泉水，而是去除礦物質成分的蒸餾水（水質較為純淨）。不過事實上，它的成分和超市裡

其他牌子的礦泉水，甚至和住家裡的自來水成分幾乎毫無差別。但它的製作過程相當複雜，花了許多不必要的錢，而且數字驚人。我必須承認，縱使 Smart Water 的蒸餾水成分平淡無奇，但其行銷技巧卻引人入勝。一句「只有雲知道」的廣告詞，將這款蒸餾水吹捧成「來自雲端的潔淨」。這招真是高明啊！

　　他們的廣告詞倒是有點道理，因為蒸餾過程和水分子在自然界裡的循環原則同出一轍。在大自然裡，水蒸氣在高空凝結成水滴，聚集一處即形成雲；雲裡面的水蒸氣累積到一定程度後，便降下為雨。蒸餾的過程少了一點浪漫，就是將水分子汽化，利用冷卻器迅速將水蒸氣降溫而凝結成為液態水，然後加以收集。

　　蒸餾水業者解釋：「絕大多數的雜質會在蒸餾過程當中揮發出去，冷凝後另以容器收集到的水質便顯得十分純淨。」乍聽之下挺有道理的。誰喜歡喝髒水呢，對不對？但大家知道嗎？德國水龍頭流出來的水業已經過淨化，可以直接生飲，而且在經過蒸餾之後，水分裡面重要的礦物質全部都會消失得無影無蹤。礦泉水工廠還必須特地在蒸餾水裡面添加礦物質。傳聞表示，喝蒸餾水不利健康，但對一般人而言應該無礙，只是味道欠佳。大家瞭解了嗎？製作蒸餾水實在是畫蛇添足。當然，你可以反駁這些論點，堅持透過蒸餾程序方可百分之一百控管飲用水成分，瞭解其礦物質組成成分。這個論點雖然正確，但一般健康成年人並非透過喝水攝取礦物質，而是透過飲食來吸收礦物質。

　　基本上可從兩種角度來評論 Smart Water 品牌的蒸餾水。一則認為，它只是無謂地浪費資源，或者超級讚賞該公司的行銷策

略。更糟糕的是，美國人認為他們喝的 Smart Water 是純淨的礦泉水。但礦泉水乃來自於地下岩層，含有礦物質及微量元素等，絕對不是廣告裡所推銷的雲端之水。這種白癡的說法竟被當成獨具一格的賣點。唉，還真是獨特啊！隨便它吧！

　　飲用水產業的創造力似乎毫無止境，例如：網路通路裡有一款號稱僅在月圓之夜裝瓶的「月亮水」，富含重要的月亮能量，定價和紅酒一樣高。同理可證，也有在陽光燦爛時收集的「日光水」，強調其溫暖光亮的生物能。或者也有「寶石水」。你覺不覺得，這些產品簡直就是光怪陸離？然而，人類憧憬高層次飲水品質的心願卻不僅止於此。你知道嗎？雖然，德國自來水公司的水質控管條件比一般礦泉水製作商都來得嚴格，但民眾還是樂意購買濾水器濾心，以便將自來水過濾成飲用水。德國商品檢驗基金會（Stiftung Warentest）表示：市面上部分高單價的礦泉水品質甚至比不上水龍頭裡流出來的自來水。喜歡某品牌瓶裝水味道的人，不妨繼續砸錢去超市買水，享受奢華。除了個人味覺偏好的原因之外，德國自來水應該還是推薦飲用的首選。

向氫鍵道謝大會

　　我真的覺得很奇怪，為什麼大家一直糾結著這些飲用水議題，卻不認識故事當中的主角。水分子並不需要月亮或寶石的裝飾，它自己本身就充滿傳奇。因此，我想在這裡和大家多聊聊這個超讚的分子。而且，人類也必須向水分子致上深深的感謝。

本書第八章以「極性共價鍵」描繪水分子之間的鍵結。氧原子帶部分負電荷，氫原子帶部分負電荷；氧原子與兩個氫原子結合，形成彎曲鍵結，即為水分子。正負電價之間形成所謂的**電偶極**（Dipol）。

水分子的電偶極性

當兩個或多個水分子同時存在的時候，正負價電荷之間彼此相吸，進而形成水分子的**氫鍵**（hydrogen bond）。這個特徵非常重要。單一一個水分子之內，由極性共價化學鍵連結；但是當兩個或多個水分子同時存在的時候，不同的水分子之間的氫與氧原子因靜電而彼此吸引，進而形成弱鍵結，即為「氫鍵」。

氫鍵不僅存在於水分子聚合體裡面，而是發生於已以共價鍵與其他原子鍵結合的氫原子與另一原子之間。通常，氫鍵兩邊的原子皆帶著較高的負電荷。我們還是先好好仔細研究一下水分子的氫鍵。

氫鍵如果不存在，人類就不會存在，地球上也不會有任何生命型態。為什麼呢？在地球的壓力及溫度的先決條件之下，如果

水分子和水分子之間缺少氫鍵鏈結，那麼水只可能以「氣態」存在，而非「液態」。以甲烷或二氧化碳等化學分子為例，它們的體積都像水分子一樣非常小，而且分子之間沒有氫鍵鏈結。在地球大氣層的條件之下，它們通常皆以氣態狀態存在。

　　神奇的是：在大氣條件之下，水分子必須加熱至攝氏一百度才會變成氣態的水蒸氣分子。為什麼呢？這全部都得歸功於氫鍵，因為它拉近了水分子與水分子之間的距離。

　　魚類等水生生物也必須向氫鍵道謝。為什麼呢？嚴冬季節裡，湖泊及池塘通常不會連底部都完全結凍，這現象與水的密度有關，也是因為氫鍵的緣故。冷飲杯裡的冰塊會浮在最上層，對不對？湖泊和池塘的水凍結成冰的時候，冰也會浮上水面。

　　請先回想一下，本書第一章提過的「粒子模型」。依據該模型，物質狀態究竟是固態、液態、氣態，乃取決於物質分子密度。以粒子密度而言，固態物質的粒子密度最高，次為粒子稍具活動空間的液態物質，氣態物質的粒子密度敬陪末座。想要改變物質狀態，則必須倚靠溫度或壓力的介入。加壓之後，粒子受到擠壓，密度變大；因此加壓之後，可將氣態分子變成液態，再變成固態。在溫度降低的條件下，粒子活動降低，需要的活動空間減少，因此也會提高物質密度。所以，一旦調降外界溫度，水蒸氣就凝結成為液體的水，最後結凍成冰。

　　等一下！如果冰（固態的水分子）會浮起來，這不就表示：冰的密度小於水。豈有此理！為什麼液態水的密度會高於固態冰啊？或許大家已經猜到了答案。的確，這是氫鍵的功勞。化

學稱之為**水密度的反常膨脹現象**（Negative thermal expansion of water）。在溫度攝氏四度以上的條件下，水與大部分物質相同，隨著溫度下降，粒子移動逐漸變慢，越容易形成氫鍵，氫鍵越將水分子拉攏在一起，因此體積逐漸縮小，密度逐漸變大。溫度降至攝氏四度時，水達到最大密度，體積變得最小。如果繼續降溫，則會發生一些怪事；當溫度小於攝氏四度以下時，水的體積反而隨著溫度下降而膨脹，密度減小。

為何如此？在低溫狀態下，水分子逐漸安定下來，透過氫鍵與其他四個水分子結合成如同結晶般對稱的冰晶結構。這就是雪花或冰的樣子，肉眼即可觀察。雪花結構的對稱，來自於內部原子的對稱排列。冰晶結構的對稱，則是因為氧原子透過氫鍵與其他四個水分子的結合，靠的是兩個共價離子鍵以及兩個氫鍵。冰晶結構是空心的，因此密度輕。

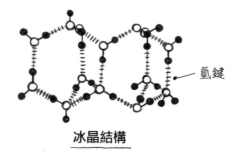

氫鍵

冰晶結構

為什麼這項水的特徵對魚類很重要呢？在冬天的時候，冰面以下，攝氏四度的水密度最大，沉在最下層。但溫度更低的水因

為密度更小，所以會往上浮，一直到結冰為止，而且是由上往下結冰。假設在攝氏四度的時候，水分子密度不會出現反常膨脹現象，那麼冰就比水重，湖面就會由下往上結冰。一旦如此，湖底及整座湖就容易完全凍結起來。幸好，結冰的方向是從上往下。冰面形成屏障保護湖底的魚類，而且湖底的水依舊是流動的，也會帶來溶氧，讓魚類能夠在其中游動與呼吸。

　　水密度的特徵讓人類在冬天裡能享受滑冰的樂趣。為什麼我們只能在冰上滑冰，而無法在柏油路面上滑冰呢？滑冰時，身體的重量集中在冰刀與冰的接觸面，等於在冰面上施加壓力，使得冰融化成為水，形成冰刀與冰之間的潤滑劑。冰刀劃過，壓力消失，水膜又結成冰。若是其他材質介面，則需減壓讓該材質由固態變成液態。基於「水密度的反常膨脹現象」，冰刀造成的瞬間壓力讓冰粒子被擠壓，破壞其冰晶結構，進而轉變為液態；冰刀接觸過的冰面暫時變濕，有利滑動前進。今天穿上滑冰鞋的如果只是一隻小螞蟻，因其體重過輕無法在切面形成足夠壓力，則無法讓固態的冰變成液態的水，也就無法順利滑冰。

　　水黽等昆蟲能夠在水上快速滑行，這項神奇功夫也必須感謝氫鍵。第三章提過，液態水分子內部之間的吸引力造成了它的**表面張力**。氫鍵將多個水分子緊緊地「綁在一起」（如同竹筏，非單一一根木頭），水分子聚集起來形成表面張力，彷彿形成水膜支撐著水黽，再加上水黽特殊的生理特徵，這才不會掉進水裡。

　　大家可以做個「迴紋針游泳實驗」。雖然迴紋針是金屬材質，密度也大於水，但只要輕輕地將迴紋針放在水面上，就可以發現迴紋針悠游其中。為什麼迴紋針不會沉下去呢？這是因為水分子形成了表面張力，支撐著迴紋針。如果在水裡面加入洗碗精，降低水分子內部之間的吸引力，亦即降低其表面張力，那麼無論再怎麼小心放迴紋針，它都只會撲通一聲沉至水底。

在家實驗 No. 3

實驗用品：
一杯水
一個迴紋針
洗碗精

1. 迴紋針悠游在水面上
2. 加入一滴洗碗精
3. 迴紋針沉至杯底

　　水是很重要的**溶劑**，營養素與鹽類等人體不可或缺的重要
成分都能溶解在水中。水也是構成人體的重要成分；體內進行新
陳代謝反應時，都必須以水當作介質。腎臟負責過濾身體裡的廢
物，再以尿液方式排出體外。在人體內，水分除了負責運輸工作
與扮演溶劑之外，也會參與體內的生化反應而形成其他成分。第
九章也提過，排汗有助人體散熱降溫。

　　水這麼厲害，卻無法吸引一般民眾的興趣，真奇怪。在超
市裡，我發現另外一款「高溶氧水」，號稱在瓶裝水裡面特別注
入額外的氧氣，特別推薦運動者飲用。「運動的時候，人體血液
需要較多的氧氣」，這句話乍聽之下的確有理，難道不對嗎？耐
力運動員喜歡使用的興奮劑成分裡面就含有「紅血球生成素」
（Erythropoietin，簡稱 EPO），以便增加紅血球數量，進而提高血
液中的含氧量，亦即更多的氧氣會被帶至肌肉。這麼一來，高溶
氧水是否等於合法的軟性興奮劑呢？

　　幸好，事實並非如此。第一個問題是：正常情況下，呼吸純
氧最多只能增加百分之五至十的血液含氧量。除非服用興奮劑，
否則身體也吸收不了更多的氧氣。另外，純氧攝入時間不宜超過
一至兩個小時，因為純氧可能轉變成高活性且不穩定的自由基，
然後攻擊肺部。意思是說：透過吸入方式來補充氧氣並不優。那
麼，建議改採飲用方式嗎？

　　這是第二個問題：因為氧氣容易不溶於水。氣體在水中的溶
解度會受到壓力的影響。氣體受到的壓力越大，在水中的溶解度
便愈高；將食品級的二氧化碳通過高壓方式打入水中，即製成所

謂的氣泡水。打開氣泡水瓶蓋時，瓶內壓力突然減小，二氧化碳因此被釋放出來。「高溶氧水」之製作機制與氣泡水相同。只不過與二氧化碳相比，氧氣在水中的溶解率更差。喝完一公升高溶氧水之後，身體能獲得多少氧氣呢？答案是和吸一口新鮮空氣差不多。

除此之外，人類的消化系統不適合用來消化氣體。因此，將提高氧氣攝取量的問題交由呼吸系統來處理，不是比較好嗎？吸氣時，氧氣會透過肺臟進入血液循環。但透過喝這個動作進入胃部的氧氣多半藉由打嗝排出體外，能進入血液循環的氧氣微乎其微。除非為了多打嗝、多釋放氧氣，不然不建議大家喝溶氧水。

還是透過實驗來驗證一下高溶氧水宣稱的好處吧！飲用這類的瓶裝水產品有助於提高工作表現嗎？迄今尚無實證研究證據可以證明此論點。不過，研究卻發現這類產品的「安慰劑效果」。只要受試者相信某款瓶裝水產品有益健康，就會出現對應的效果。請原諒我爆了這麼大的料，導致這個安慰劑效果失靈。不過，大家至少可以節省一大筆支出。特殊瓶裝水產品的神奇效果只不過是行銷噱頭罷了。

碳酸礦泉水的神話

水的神奇事件不勝枚舉。常常聽人談起對於碳酸水（亦即蘇打水、氣泡水）的恐懼。純水的酸鹼值趨近於七，幾乎呈現酸鹼中性。碳酸礦泉水偏酸，或介於酸鹼值五左右。第七章提過，部

分防腐劑呈現酸性。在弱酸的碳酸礦泉水當中，微生物比較不易存活與繁衍，因此碳酸礦泉水的確具有抑菌效果。不過對於人類的消化系統而言，碳酸水的這個賣點顯得微不足道。因為日常飲食裡的水果、咖啡、巧克力或乳製品等等都含有酸性成分。消化食物的胃酸更是強酸。所以對腸胃道而言，微酸的碳酸礦泉水根本是小巫見大巫。如此看來，瓶裝水產品的弱酸特點完全無關緊要。開瓶之後，碳酸飲料裡面的氣體立即消失得無影無蹤，我們最多就是打幾個嗝而已。因為碳酸飲料不過就是在水裡面加入二氧化碳罷了。

2017 年，巴勒斯坦的科學家宣稱碳酸飲料容易造成胃脹氣，胃壁因持續受到壓力而釋放訊號給大腦，刺激腦部釋放所謂的「飢餓素」荷爾蒙（Ghrelin），進而增強食慾。這項研究結果掀起軒然大波。這個消息也在德國造成轟動，因為許多德國民眾很喜歡喝碳酸礦泉水。我自己不太相信這項研究結果。首先，這項研究僅止於動物實驗；再者，飢餓素並非唯一一種能夠增強食慾的荷爾蒙，其他的荷爾蒙及因素也都可能提振食慾。碳酸礦泉水會促進食慾？這項巴勒斯坦的研究只是拋出了這項論點，並非提出斬釘截鐵的證據。

碳酸礦泉水之所以清新爽口，不僅因為它淡淡的微酸風味，更因為小小的二氧化碳氣泡對於口腔神經的刺激而帶來的快感。不過，二氧化碳氣體的確可能造成胃部不適，並增加打嗝頻率。因此，建議胃食道逆流患者、經常脹氣或消化不良者飲用「無碳酸礦泉水」。

　　不論礦泉水裡面有否添加二氧化碳，真正重要的是喝得開心，並且攝取充足的水分。如果你放棄可樂，改喝「月亮水」，只是多花點錢，對健康並無損害，倒也還好。在德國，我個人還是推薦大家喝自來水。我在家就是這麼做的。

　　離開飲料區，朝甜點區前進。甜品總是夢幻般美妙。我個人情願放棄喝可樂，但堅持一定要快樂安心地享受巧克力。含糖飲料很奸詐，它們提供類似食物的熱量，卻幾乎不含營養素，攝取後也不會讓人出現飽足感。這就是所謂的「空熱量」。舉例而言，超市裡的冰沙產品或許就是很危險的空熱量來源。消費者可能認為這對身體有益，甚至多喝一些。但大多數冰沙的含糖量和可樂一樣高，甚至更甜。下次逛超市的時候，大家不妨多看看成分標示。提供大家比較參考，一百毫升的可樂大約含有十一公克的糖。

　　廣告宣稱：冰沙有益健康，因其成分來自「百分之百純水果」。不過，為了口感柔順，冰沙在製作過程中會去除果皮並添加果汁。因此冰沙的含糖量遠高於真正的水果，但纖維素含量卻偏低。製作冰沙的水果量很驚人，超過正常的攝取範圍，容易讓人覺得撐，但打成冰沙之後卻可多次續杯。特別有趣的是，科學研究指出：在家打果汁，還不如直接吃水果來得飽足。光光食物質地一項因素便可能左右飽足感。只有流質食物下肚，實在難以覺得自己酒足飯飽。所以，我理所當然地拿起三條硬巧克力，然後走去櫃檯付帳。

購物清單
○ 230g 微苦巧克力
○ 120g 奶油
○ 50g 麵粉
○ 4 個中等大小雞蛋
○ 80g 糖
○ 1 湯匙香草萃取液
○ 1 小撮鹽
○ 1-2 湯匙濃郁的義式濃縮咖啡

11
烹飪治療

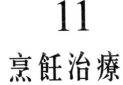

　　門鈴突然大響，嚇了我一大跳。會是宅配嗎？我又沒訂東西，真奇怪。兩位客人應該一小時後才會出現，而且汀娜私下經常遲到。我嚇得縮成一團，花了幾秒鐘時間才去開門。

　　我對門鈴聲的恐懼是被大學室友害的。她說，朋友來訪之前一定會先連絡，再加上我們跟鄰居根本不往來，怎會有人按門鈴呢？門鈴響起就一定有鬼，可能是想傳教的耶和華見證人，或是催繳廣電收訊費的稽查員。因此，為了保住自己的小命，大家千萬不要隨便開門啊！……我一打開門，驚訝地發現汀娜站在門口。

　　她說：「今天沒辦法繼續工作了。」

　　我問她：「來做烹飪治療嗎？」

　　「對！烹飪治療！」她揚聲歡呼，並且迅速地捲起袖子。

　　唸博士班的時候，汀娜和我常常覺得超級沮喪。我們常約一起「磨刀霍霍向豬羊」，搞個米其林大餐，趕走挫折沮喪的心情。我們很久沒有大展身手了，今天必須好好慶祝一下。我高興地替她倒了杯葡萄酒。

　　「小恐龍呢？」

　　「他還得等實驗跑完，晚一點才會來。」

　　汀娜有點良心不安，因為恐龍兒子還在工作，她這個名義上的媽媽卻悠哉悠哉地喝酒。不過，這是她整個月以來第一次在晚上八點前離開實驗室。研究者必須忍受相當多的挫折。為了驗證研究假設，他們必須花數週、甚至好幾個月的時間來確定實驗流程，只為了證實研究假設全屬錯誤，所有的努力皆屬徒勞無益。研究數據是很殘忍的。人非聖賢，孰能無過？當測量數據失敗得一蹋糊塗的時候，只會讓人心灰意懶，倍覺差辱。（我認為這會改變人的個性，但像老 K 所長一類的人不為挫折所動，反而變得更驕傲。或許是特例吧？）研究曠日費時，決心與耐力是唯一的入場券。研究者必須絞盡腦汁、嘔心瀝血，方可獲得差強人意的研究成果。因此對汀娜和我而言，廚房和化學實驗室很像，但很快就可以看到結果，不僅讓人充滿神奇的成就感，還可以大快朵頤。世上哪還有這樣的好事？

　　汀娜問：「準備煮什麼？」

　　我回答說：「飯後甜點是法國熔岩巧克力蛋糕。其他的還沒想好。先看看冰箱裡有什麼。」

　　我們多半即興發揮，不看食譜，也樂此不疲。實驗室的工作

必須精確到小數點以下好幾位，正因為如此，我們更加享受在廚房裡的「跟著感覺走」，不論如何都能端出好菜。至少，幾乎都不會失手。對主修化學的我們而言，烹飪帶來的成就感簡直棒得難以置信。我們都有基本的化學知識，因此煮得一敗塗地的機率很低很低。從小開始，我就知道化學家是烹飪高手。

熔岩巧克力蛋糕裡的化學

烹飪和烘焙截然不同。有些人會說他們喜歡煮飯，卻不那麼愛用烤箱。原因在於：烘焙純粹是化學實驗，即興創意比較行不通。不看食譜烤蛋糕必須擁有相關的烘焙經驗與知識，才能讓蛋糕發起來或讓餅乾成型。長久以來，汀娜和我早已研發出專屬的烘焙招數。不過，還是烹飪比較自由。不可能犯什麼大錯，最多只是調味欠佳，煮過頭或沒煮爛。

我就一邊準備今晚的大餐，一邊用熔岩巧克力蛋糕的例子來向大家介紹有趣的烘焙化學知識。如果以後你們想烤這款蛋糕，下述食譜與知識一定可以派得上用場。

切開巧克力熔岩蛋糕的瞬間，溫熱的巧克力內餡會慢慢爆漿流出來。我個人認為，這甜點超級夢幻，製作難度卻不高。最重要的靈魂就是「此物只應天上有」的巧克力！首先準備230克的微苦黑巧克力，最好是可可成分占45％至60％的黑巧克力。我喜歡可可含量多一點的巧克力。可可裡面含有**可可鹼**（Theobromine）。這種成分很有趣，它的效果和咖啡因差不多：

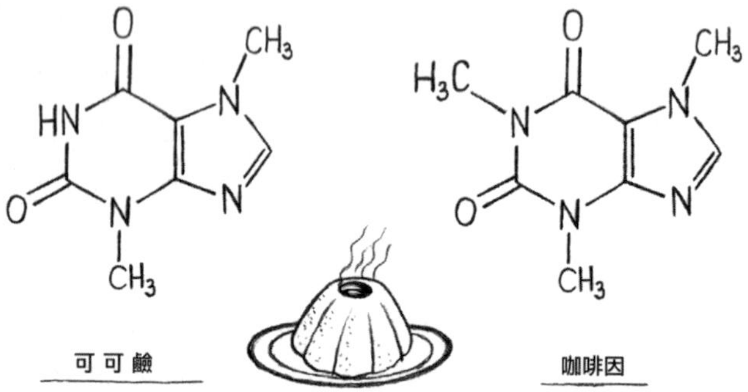

可可鹼

咖啡因

　　可可鹼的作用機制與咖啡因幾乎完全一致。（大家還記得第七章提過的腺苷及腺苷受體嗎？）可可鹼的化學結構與咖啡因相似，同樣也會和腺苷競爭腺苷受體，抑制腺苷活性。品嚐巧克力是令人雀躍的幸福。不過，為什麼可可鹼不像咖啡因那麼醒腦呢？答案是：可可鹼和腺苷受體的密合度不如咖啡因來得好，因此無法大幅阻礙腺苷與腺苷受體結合。巧克力裡面的可可鹼濃度不會讓人晚上失眠。這一點，請不必擔心。

　　兩者的相同點是：過量的可可鹼也有毒性。幸運的是，無論我們吃進再多的巧克力，也絕對不會可可鹼中毒，最多只是想吐或覺得吃得太噁心而放棄。對於汪星人而言，它們分解可可鹼的速度很慢，所以吃進少量就有危險。人體能夠迅速分解可可鹼，將之轉變成無害的分子；但是狗狗們無法這麼厲害地分解可可鹼，只會讓它堆積在身體裡。這可能造成心跳加速、肌肉痙攣、嘔吐，甚至死亡。如果你正在享受美味的巧克力，而你家汪星人

用牠純潔的眼睛看著你討吃的，千萬別心軟啊！

　　大部分的狗主人都知道不可以讓寵物吃巧克力。但貓咪的鏟屎官也知道，喵星人也會巧克力中毒嗎？與狗及其他哺乳類動物相比，貓咪沒有甜味味覺。貓的味蕾已經演化成無法辨識甜味及碳水化合物，也不具備相關味覺神經將甜味刺激傳送至腦部。因此，貓咪不識人間「甜」滋味，不會嫉妒地看著人類大啖巧克力。不過，基於貓咪永無窮盡的好奇心，大家還是應該把巧克力藏好。

　　我們應該好好感謝自己與人類演化史，因為我們的身體具備分解可可鹼的能力。雖然巧克力多半由糖與油脂組成，但真正的魅力主角卻是可可。

　　先用「隔水加熱法」融化巧克力。也可以利用微波爐加熱。不過自己一邊攪拌著看它融化，一邊聞香味，不是更棒嗎？隔水加熱的好處在於：不論爐台溫度多高，鍋子裡的溫度最高也只能到達攝氏一百度，和水的沸點一樣高。這樣的做法可以避免加熱過度，巧克力不會變成一坨一坨的有損美觀。

　　巧克力一旦加熱過度時，我們才會發現，原來巧克力裡面的油脂和蔗糖其實不是那麼「麻吉」。因為蔗糖分子不僅含有親水基，還帶有高度極性；但是油脂類分子結構上帶著疏水基，完全不具極性。這兩種成分怎麼會合在一起呢？當然需要從中撮合的媒人，也就是需要由黃豆裡面萃取出來的卵磷脂來充當界面活性劑，好讓蔗糖與油脂類結合在一起！卵磷脂和洗髮精裡的界面活性劑一樣屬於「雙親結構分子」（amphiphilic molecules），它同時

具有**乳化劑**（emulsifier）的功能；停留在蔗糖與油脂的交界處，保持兩者穩定，避免兩者分離。但是，高溫會破壞卵磷脂。因此如果融化巧克力時用的溫度過高，卵磷脂將無法繼續執行任務，巧克力就散成一坨一坨的可可脂、可可粉，以及蔗糖分子等。

　　隔水加熱時一定要小心，切勿讓水混入融化的巧克力當中。所以，建議大家不必將外鍋的水煮至沸騰，避免水珠跳入隔水加熱的內鍋裡面。巧克力的特色不就是「只融於口，不融於手」嗎？既然能在嘴巴裡面融化，就表示它不需要高溫加熱。如果融化的巧克力碰上了水，那麼帶有親水基蔗糖馬上就會和水分子結合。大家都知道，糖罐子裡面只要進了少許的水，糖就會結成一塊塊的糖塊。融化巧克力時如果進了水也是如此。這問題很難解決，挺傷腦筋的。

脂肪酸的真面目

　　在融化巧克力的時候，我會多加120克的奶油。哇！你會問，怎麼加這麼多的油啊？（該怎麼解釋呢？敝人在下本人我就是親油！哈哈！）在日常生活中，我們常聽見「飽和脂肪酸」、「不飽和之酸」、「反式脂肪」以及「Omega-3脂肪酸」等字眼。日常對話中，一次出現這麼多化學名詞還真稀罕。化學普及雖是好事，但我擔心大家僅是把這些字掛在嘴邊，實際上卻搞不清楚它們真正代表的意思。讓我們一起從化學角度來認識油脂吧！

　　我們之前已經學過，中性脂質分子是油與脂的主要成分。它被稱為**三酸甘油酯**（Triglyceride），是由一個甘油和三個**脂肪酸**組成的酯類有機化合物。脂肪酸是碳氫長鏈分子。更準確的說法是：脂肪酸含有很多個碳原子（C），碳原子與碳原子連接在一起形成長鏈，其中所有的碳碳單鍵（C-C 鍵）負責提供體內新陳代謝作用所需之能量。脂肪能夠產生高熱量。如今雖然已邁進 21 世紀，但人類的生理功能仍然停留在「有一餐沒一餐」的漁獵時代。漁獵時代裡的食物來源不穩定，只要一有食物出現，尤其是脂肪類食物，遠古祖先們就會高興地將之拆食落腹。但對現代人而言，脂肪卻儼然成為危害健康的頭號殺手，不再是珍貴的熱量來源。

　　但是，脂肪等於脂肪嗎？有人宣稱：「不飽和脂肪酸，好；飽和脂肪酸，爛！」這個說法正確嗎？如何區分這兩種脂肪酸呢？

飽和脂肪酸

　　碳元素最外層有四個電子，理應形成四個共價鍵。在脂肪酸的碳氫長鏈裡，每個碳原子結合著另外兩個碳原子（都是碳碳單鍵，C-C 鍵），並再連結上兩個氫原子。因為與碳原子結合的氫原子達到最大值，所以被稱為**飽和脂肪酸**。

不飽和脂肪酸

　　不飽和脂肪酸的碳氫長鏈裡面至少含有一個或以上的碳碳雙

鍵（C=C 雙鍵）。碳碳雙鍵上的碳原子只能再接上一個氫原子，因此「不飽和」。

不飽和脂肪酸又可區分成為兩大類，分別是：**單元不飽和脂肪酸**（monounsaturated fatty acids）與**多元不飽和脂肪酸**（polyunsaturated fatty acids）。區分基準在於不飽和脂肪酸分子結構當中的雙鏈數目。分子結構中存在一個雙鏈者，稱為單元不飽和脂肪酸；含一個以上雙鏈者，稱為多元不飽和脂肪酸。

在油脂化學領域裡，「飽和」、「不飽和」、「單元不飽和」及「多元不飽和」等名稱顯得十分複雜且拗口。閱讀時，連我自己都容易搞混。因此，請大家集中注意力閱讀下列內容。

除此之外，「不飽和」的「不」字容易令人自動聯想到缺少什麼東西。的確如此！與飽和脂肪酸相比，不飽和脂肪酸連結的氫原子數目減少了。不過，其實不必過於去留意氫原子數目的減少，反而應將焦點放在「碳碳雙鍵」，因為這才是不飽和脂肪酸分子結構的重點。就是因為碳碳雙鍵的緣故，整個不飽和脂肪酸分子才無法旋轉。

請大家拿起小番茄和牙籤，一起來模擬碳鍵模型。請拿一根牙籤插住兩顆小番茄，這就是「單鍵」結構。單鍵狀況之下，小番茄的自由空間大，可以輕鬆轉動。如果用兩根平行的牙籤插住小番茄，就會形成「雙鍵」結構。在雙鍵結構裡，一旦轉動小番茄，小番茄可能就會破掉。

在家實驗 No. 4

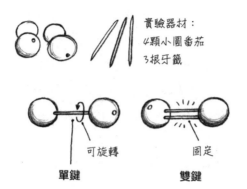

實驗器材：
4顆小圓番茄
3根牙籤

可旋轉　　　固定

單鍵　　　**雙鍵**

雙鍵結構比較固定。基本上，不飽和脂肪酸的分子結構在雙鍵的位置比較容易「彎曲」，相對地容易斷裂。

棕櫚酸　　**飽和脂肪酸**

油酸

不飽和脂肪酸

　　分子結構一旦出現彎曲的現象，該分子便會展現出明顯的物理特徵。這是怎麼一回事呢？例如飽和脂肪酸的長鏈分子不會彎曲，所以它的物理特徵是流動度低，容易呈現固態油脂狀。相反的，不飽和脂肪酸擁有的雙鍵數目越多，流動度要越高。大家可以這樣想像：飽和脂肪酸的長鏈不會彎曲，都在同一個平面上，所以比較容易「疊羅漢」，形成穩固的結構。相反的，不飽和脂肪酸的長鏈在雙鍵處彎彎曲曲的，不容易堆積，因此形成的結構並不穩固，而呈現流動狀。這就是為什麼不飽和脂肪通常呈現液態的原因。透過觀察油脂的物質狀態（固態或液態），即可知道它究竟是飽和、還是不飽和。不過，食品工業經常將這兩種脂肪酸混合在一起，所以物質狀態可能兼具部分的特點。巧克力就是這樣的例子，稍後詳述。

　　我在這裡做個補充。不飽和脂肪酸的分子結構不一定會出現轉彎。雙鍵化合物存在著「立體異構」現象。雙鍵的結構導致分子自由旋轉受阻，因而產生兩種物理性質或化學性質截然不同的同分異構體，亦即：**順式**（cis）與**反式**（trans）異構體：

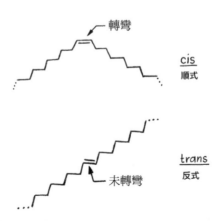

以自然狀態下的天然食材為例，絕大多數不飽和脂肪酸的雙鍵都是順式雙鍵。只有極少數動物脂肪（精確的說法是：反芻動物的脂肪）以反式脂肪酸形態存在。例如：牛奶含有百分之一至六的反式脂肪。在日常生活中提到的不飽和脂肪酸，指的都是順式脂肪酸。如果是反式脂肪酸的話，就會直接標示它的化學名稱。反式脂肪酸被視為最不健康的脂肪酸，吃東西的時候應當盡量避免攝取反式脂肪。每人每日攝取的反式脂肪熱量，不宜超過個人總攝取熱量之百分之一。

悽慘的是，科學家太晚才發現反式脂肪陰險的真面目。科學家一直以為反式脂肪僅僅是油脂加工變硬過程中的副產物，只不過它留在產品裡面的濃度頗高。油硬化就是將不飽和脂肪酸氫化。**氫化**（Hydrogenation）即與氫氣發生化學反應。經過加壓與加熱，弄斷不飽和脂肪酸裡面原有的碳碳雙鍵，讓它變成單鍵，然後再加上一個氫氣分子。也就是說，不飽和脂肪酸可以透過氫化反應轉化成飽和脂肪酸。

1901年，德國化學家威廉・諾曼（Wilhelm Normann）發明了這項加工法。一開始，食品工業一致推崇這個方法超級好用，而且能以廉價的植物油來生產人造奶油或適合煎烤的固態油脂。製作肥皂的時候，不是也會進行皂化反應（詳見第三章），以打斷碳碳雙鍵嗎？糟糕的是，在油硬化的氫化加工過程中，經常發生「不完全氫化」現象（又稱「部分氫化」），讓原本應該形成的順式脂肪產物變成了反式脂肪。可笑的是，消費者長期以來一直相信：從植物油製作的反式脂肪遠比動物脂肪來得健康。許多人

因此放棄真正的奶油，轉而購買乳瑪琳之類的人造奶油。

　　一九九〇年代之後，科學終於慢慢發現了反式脂肪的真面目。研究陸續證實：反式脂肪比動物脂肪還要糟糕，容易引發心血管疾病。於是，反式脂肪從人人喜愛變成了票房毒藥。世界衛生組織訂出目標，希望「2023 年之前，全球全面禁用人工反式脂肪酸」。世界衛生組織的呼籲已經奏效，許多食品製造公司已經自動放棄使用反式脂肪或盡量降低使用量。德國法令雖仍繼續允許反式脂肪酸進口，但因國內食品製造業已減少反式脂肪用量，德國聯邦風險評估研究所認為反式脂肪風險已不足為慮。

　　反式脂肪不好。那麼，順式飽和脂肪及不飽和脂肪對人類健康的影響又如何呢？

　　對此已有許多研究，但營養學方面的研究難度很高，研究結果經常彼此牴觸。這與研究方法有關。例如醫院營養部門通常

無法採行第五章所提及的「隨機對照實驗法」。實驗對象如果是老鼠，將其分成實驗組及對照組兩組，進行單盲實驗設計，並搭配操控飲食內容、運動條件、長時間追蹤研究等等，完全可以做到。但如果研究對象是人類，首先他們會知道自己究竟吃進哪些東西，研究者不易運用單盲或雙盲實驗設計。再者，操縱人類受試者的飲食與運動內容並做行長期縱貫研究，這些簡直困難重重。想做這類調查的研究者，你們就自求多福吧！

雖然如此，科學家仍提出幾項值得相信的論點。例如：建議以多元不飽和脂肪酸取代飽和脂肪酸。只不過，不飽和脂肪酸是否「雙鍵數目越多越好」，亦即是否多元不飽和脂肪酸一定比單元不飽和脂肪酸來得健康，關於這一點尚待釐清。

無論如何，可以確定的是 Omega-3 **脂肪酸及 Omega-6 脂肪酸**是比較優質的多元不飽和脂肪酸。Omega-3 脂肪酸指的是從距離羧基最遠的甲基端（稱為 Omega 端）碳原子開始算起，第三個碳原子與第四個碳原子之間為雙鍵（亦即第三根鍵是雙鍵）。Omega-6 脂肪酸的雙鍵則位於第六根鍵。

屬於 Omega-3 的亞麻油酸以及屬於 Omega-6 的 α - 亞麻油酸都是所謂的**必需脂肪酸**，亦即人體需要這些脂肪酸來維持身體功能，卻無法自行合成，因此必須從食物當中獲取。許多植物油及魚類裡面都含有這些人體的必需脂肪酸。建議攝取量為每天 250 毫克，因此也不必猛吃魚或猛喝油。超過這個建議量，身體未必能夠吸收，只是吃吃開心而已。

膨鬆與彈牙的魔法

　　原則上，我們不應該把脂肪「妖魔化」，但也不必一昧替它按讚。在每人每天的總攝取熱量裡面，脂肪量不宜超過30％至35％。但因熱量攝取必須足夠，而且也必須攝取到必要脂肪酸，所以油脂至少應占每日熱量的10％。另外，有些維生素的分子結構帶有疏水基，服用時建議與油脂一起服用，才容易被身體吸收。

　　你是否做到「飲食均衡」呢？哈哈，法式熔岩巧克力蛋糕含有230克巧克力及120克奶油，怎麼能夠天天吃呢？但別忘了，美食讓人幸福。何苦一昧只重視食物健康與否，偶爾也為自己預備一些療癒心靈的小確幸吧！再重新回到巧克力的議題。

　　微苦黑巧克力裡面的油脂比率約為30％到35％，不同品牌巧克力的油脂含量或許稍有差異。這些油脂又稱為可可脂（Cacao butter），一部分來自於可可果實。可可脂的主要成分包括油酸（不飽和脂肪酸）、棕櫚酸（飽和脂肪酸）以及硬脂酸（飽和脂肪酸）。可可脂裡面混合著飽和與不飽和脂肪酸；這項特色就是巧克力在室溫狀況下呈現固態、遇到人體體溫、或被放入口中時，便會融化的主要原因。除了可可脂之外，巧克力通常還含有乳脂（Butterfat）。巧克力的顏色越白，表示它含有的乳脂成分越高。乳脂當中也含有好幾種飽和及不飽和脂肪酸，其熔點稍微低於可可脂的熔點。也許你早已察覺：與微苦黑巧克力相比，牛奶巧克力吃起來較滑順。

　　奶油裡面含有的油脂也是乳脂。乳脂比率必須超過至少八成以上，方可被稱為奶油。因此，熔岩蛋糕的內餡需要多一點奶油，才能夠產生爆漿效果。對於這一點，我下手倒是很豪爽的。

　　奶油的成分裡面大約 16％是水。在烘焙的時候，水扮演著重要的角色。奶油裡面的水成分已經乳化了，因此能夠很好地和乳脂混合在一起，在攪拌的時候也不會形成小塊。進入烤箱之後，這些液態水分子會轉變成水蒸氣分子。水蒸氣分子的體積逐漸變大，就幫助麵團膨脹了起來。水蒸氣無臭無味，我們吃不出它的味道，所以烘焙材料清單裡通常也不會列入水蒸氣這一項。但是，水分子物質型態的變化確實是烘焙的特色之一，也會影響烘焙成品的口感。麵團中水蒸氣的形成過程牽一髮而動全身。傳統烘焙會在麵團裡加入泡打粉或小蘇打，然後藉著烤箱高溫在麵團中形成二氧化碳氣體，導致麵團變大變膨鬆。

　　巧克力和奶油正在做熱水浴。趁著空檔，我另外拿了個盆子裝上 50 克麵粉及一匙鹽。依據烘焙食譜，先將乾燥的材料先混合好，再倒入流質材料。為什麼這麼做呢？麵粉裡面，有一種名為**麩質**（Gluten）的蛋白質。長久以來，大家都不知道麩質究竟是什麼。不過它在最近幾年內變得舉世矚目，可惜是臭名昭彰。許多人發現自己對麩質過敏，甚至為了健康而放棄含麩質食物。

　　科學家們覺得很奇怪，不得其解，因為大部分的麩質過敏患者既無家族遺傳史，亦無**乳糜瀉**（Coeliac disease）或小麥過敏症。專家迄今尚無定論，各家解釋不同。甚至有人以「反安慰劑效應」來解釋。

　　不論如何，確定的一點是：麩質這種蛋白質在烘焙過程中扮演著相當重要的角色。它又被稱為麵筋蛋白。麩質其實包括兩大類不同的蛋白質，分別是：**穀膠蛋白**（Gliadin）和**麥穀蛋白**（Glutenin）。在麵粉中加入水分並開始揉麵時，穀膠蛋白和麥穀蛋白就會改變形狀並相互結合，形成長而有彈性的環狀結構，亦即所謂的麩質或麵筋。因為麵團黏黏的，才讓麵包或麵條出現筋性或彈牙口感。這也就是美國人說的 Chewy，意思就是彈牙有嚼勁。

　　因此，準備麵團的時候必需特別留意水和麵粉接觸的時間點。兩者一旦接觸之後，麩質就會開始作用，麵團便會開始出現黏性。一旦麵團變黏，便難以再均勻地混入糖或泡打粉等乾燥的烘焙材料。因此，建議大家先將乾燥的材料混合好。麵包需要嚼勁，但像我們今天做的熔岩蛋糕之類的蛋糕並不需要彈牙口感。所以我只加入少許的麵粉，因為內餡必須呈現流沙狀。

　　將已經融化的巧克力及奶油置於一旁降溫。下一個步驟就是做麵團，這部分各家方法不同。普通的做法是將蛋液和麵粉混合攪拌；我則先用攪拌器打發四顆全蛋蛋液，然後再慢慢加入 80克的糖。糖雖然也是乾的，但也可以放在麵粉後面才拌入。大家可以試試看，這樣的做法會讓麵團比較緊緻，不那麼膨鬆（雖然熔岩蛋糕就是強調膨鬆的口感）。但糖分子的結晶結構就像一把又一把的磨刀石，有助於充分打發蛋液。

蛋白分子的變性之旅

　　雞蛋裡面含有許多**蛋白質**，對於烘焙相當重要。大家可以把蛋白質想像成如同脂肪一般的長鏈分子。只不過，蛋白質的基本組成單位是**胺基酸**（Amino acid）。與脂肪酸的碳氫鏈相比，蛋白質鏈長很多，形成的立體結構甚至會變得超大。從外觀上來看，蛋白質的化學分子構造比較具有球體特色，並不像長長的鏈子。

　　大家都看過，煎荷包蛋的時候，蛋白質遇到熱會凝固變硬變熟，對不對？這個過程即是所謂的**變性**（denaturation），指的是：外在因素作用之下，蛋白質的長鏈結構扭曲糾纏在一起，形成網狀結構，並從而喪失生物活性的現象。這個結構改變的過程不可逆。請想想耳機線在口袋裡纏成一團的樣子，不也是一副無法恢復原狀的模樣嗎？只不過，蛋白質分子遇熱後結構變形的狀況更加嚴重罷了。

　　打蛋的時候，蛋白質分子的結構也會出現類似的變化，只是不那麼暴力。使用打蛋器攪打，一部分的蛋白質鏈開始斷裂，小段小段之間開始連結，幾乎呈現「微變性」現象。如果只取蛋清，就更容易將之打發成泡沫狀。最重要的就是將空氣打入蛋清液中，打發蛋清形成泡沫，再讓泡沫聚集再一起成為蛋白霜。蛋白霜泡沫越細緻，甜點質地就會越膨鬆。製作巧克力熔岩蛋糕時，關鍵環節就在於打發蛋白霜，才可讓蛋糕質地鬆軟綿密。今天，我決定烤成「類似舒芙蕾」的樣子，膨鬆，卻又不會過於膨脹，尚帶有一點口感。因此，我並未將蛋黃蛋白分開，而是使用

全蛋液。當化學鍵被打斷，小段間開始彼此連接之時，蛋黃裡的脂肪會充當「絆腳石」踩踩剎車，阻撓蛋白質分子結構的變性過程。

　　如果只打發蛋白，攪拌時間一長，打好的泡沫會和水分離而導致「消泡」。然而若運用全蛋液，因為蛋黃當中百分之三十是脂肪，而因為脂肪的緣故，打蛋絕對不會過頭，打包票一定會成功。打發後，泡沫體積將膨漲至蛋液的四倍（因此一開始打蛋時需要大一點的容器）。打發完成時，氣泡細緻平整且表面呈現淡黃色光澤。

　　送進烤箱之後，蛋白分子繼續進行著它的化學結構改變之旅，並逐漸變硬。原本雞蛋裡面的水分開始變成小氣泡蒸發，再加上打發雞蛋時進入的空氣分子，這些空氣分子讓蛋糕變得膨脹鬆軟。

潤滑口感的原理

　　打發蛋液的時候，砂糖是個大功臣。你認為糖單單只是甜點的必備成分而已嗎？這個想法錯得離譜。糖具有**吸濕**（或譯「潮解」）（hygroscopic）特性，能從其他物質處吸取水分，並占為己有。（因此第七章提過，糖可當作防腐劑使用）。按照減糖食譜做出來的蛋糕及小餅乾很容易變乾，就是這個原因。你想降低糖分攝取而做半糖蛋糕嗎？這麼做，受到的懲罰就是蛋糕口感很乾，難以下嚥。另外在冰淇淋，尤其是在雪酪（Sorbet）裡面，糖分

也扮演著特別重要的角色。冰淇淋與雪酪裡面不僅含有大量的糖，水分比率也相當高（糖溶解於水中）。糖分含量會影響糖水的融化溫度與結冰溫度。此乃所有水解溶液之共同特點。冬天下雪的時候，我們不是會在路上灑鹽嗎？正常狀況下，水在攝氏零度結冰凝固；撒鹽之後，雪水變成了鹽溶液，凝固點降低。因此在攝氏零度時，水會結冰，但鹽溶液卻可保持液體形態。這被稱為**凝固點降低**現象（Freezing-point depression）。馬路上變成鹽水的雪水需要更低的溫度才會結冰，如此即可發揮有效的止滑效果，預防行人滑倒。同樣的，糖水也會出現凝固點降低現象，直接影響冰淇淋與雪酪的質地。含糖度越高，越覺得滑口；糖分越少，冰淇淋與雪酪就顯得越硬。自己製作冰品時，絕對不要隨便減少食譜上的糖量，而是必須抱持實驗的精神做出軟硬適中的成品。

巧克力的絕佳搭檔

　　熔岩巧克力的餡料已經放涼了，這時候需要再加上少許的香草精。甜甜的香草風味搭上微苦的可可味道，簡直是天生絕配。香草風味廣泛受到歡迎，在餐點領域裡處處可見。這個英文單字在日常對話中含有「平凡」或「無聊」的意思。事實上，香草一點也不平凡。

　　幾個月前，因為想要犒賞自己，於是我買了一瓶純天然的有機波本香草萃取物，價格超級昂貴。香草又名香莢蘭，乃蘭花科

植物，原產於中美洲。植株種植不易，繁衍率低，必須仰賴無刺
蜂（Melipona）授粉，才能夠結出香草莢果實。長久以來香草的
運用僅限於皇室貴族，並不普及。

　　17 世紀時，當時的法屬殖民地留尼旺與馬達加斯加開始種
植香草蘭，但仍無法解決香草植株的授粉問題。1841 年，馬達加
斯加附近小島上的奴隸家庭之子愛德蒙・阿爾比烏斯（Edmond
Albius）找出了香草人工授粉的方法。於是，法屬殖民地留尼旺
變成了世界上最大的香草莢產地，馬達加斯加群島也開始大量栽
種香草。天然香草如今泰半來自於馬達加斯加群島，該群島舊稱
波本，因此冠以「波本香草」（Bourbon Vanille）之稱。但其產量
並無法滿足全球需求。根據統計，全世界每年生產近乎一萬八千
噸的香草精，然而真正純天然的香草萃取物占不到百分之一。因
為，目前仍需藉由人工授粉方式協助植株受精與結果。

　　相對的，在上世紀七〇年代裡，實驗室研發出合成香草風味
的方法。超市裡銷售的香草風味糖包通常就是普通的白糖加上化
學合成的香草精成分，一如產品成分說明所標示。

香草醛

　　過去幾年間，全球對於天然香草萃取物的需求量大幅提高，但植株種植數量與收穫量卻供不應求。香草植株的栽培工作很辛苦，農產產出也有限。為了製作一公斤的香草莢，必須人工授粉約六百次之多。想購買純天然香草萃取物的顧客，必須像我一樣愚蠢，樂意讓荷包大出血。最主要的香草香味物質是一種名為「香草醛」（Vanillin）的成分，然而天然的波本香草香味成分相當複雜，不僅止於香草醛而已。讀者們如果也想試試這份熔岩蛋糕食譜，不需要如此奢侈，可斟酌改放香草風味糖包。

　　如何完美呈現巧克力的風味呢？教大家另外一招，就是：添加少許的義式濃縮咖啡。你們可能會想：「不要！帶有咖啡味道的熔岩巧克力？好怪！」我跟大家保證，這樣烤出來的爆漿熔岩絕對不會出現咖啡風味（我自己也不喜歡帶有咖啡味的巧克力）。事實上，基於化學觀點，巧克力和咖啡的香味物質成分頗為近似，都帶著些微的堅果苦味以及果香味。如果大家有烘焙用的可可粉，不妨試吃一點點，就會發現可可的味道和咖啡有點類似，只不過可可的味道稍微淡一點。在巧克力甜點裡面添加一兩匙濃郁的義式濃縮咖啡，可以讓巧克力的風味更添層次感。

做出好吃甜點的小撇步

　　好了，摻有香草萃取物及濃縮咖啡的巧克力糊已經冷卻了，可以把它放進打發過的全蛋裡一起混合。關於巧克力糊「冷卻」

的意思，指的並非是室溫，而是蛋白質變性的溫度。蛋黃變性的溫度在攝氏 65 度，蛋白則在攝氏 83 度。攪拌的動作不需要很嚴格，混合均勻即可，順便消滅掉部分的小氣泡。最後加入麵粉及一匙鹽，再將之混合均勻，即可倒入模具中。若有多餘的麵糊，最好也倒入模具裡，放入冰箱冷藏，隔天再進烤箱。如此即可連續兩天享受這款美味甜點。

輕輕鬆鬆準備好四份熔岩蛋糕麵糊。先放進冰箱裡，稍後只需要烤一下就好。我的模具直徑七公分，麵糊約裝至四公分滿；室溫下的麵糊在攝氏 190 度的烤箱裡僅需十五分鐘半即可完成。對這道甜點而言，烘焙時間長短相當關鍵。烤太久，就不會爆漿！想試試這份食譜的人請依據個別狀況來調整烘焙時間長度。放在冰箱隔夜冷藏的麵糊可能需要久一點，約烤十六分鐘或十六分鐘半。如果你的模具比較小，則請斟酌縮減烘焙時間。請勇於嘗試，做做實驗吧！

汀娜和我沉浸在烘焙的快樂裡，完全沒發現馬修已經回到家了，背後還跟著今晚的第二位客人。兩個男人茫然地瞪著我們。

汀娜情緒高漲地喊著：「太棒囉！幫手到了，我們需要你們幫忙切菜！」

馬修比了個手勢，暗示我走出廚房。他小聲地問：「那個男的是小恐龍？」

我回答：「是啊。」

「我剛剛在家門口的時候，他也剛到。我卻不知道他是何方

神聖。」

　「我和汀娜一時興起,想湊在一起煮煮飯治療治療自己,順便也邀了恐龍寶寶過來。」

　馬修笑著說:「他完全沒有自我介紹,便逕自跟著我走進家裡。」

　我說:「他是冰山啦,需要時間融化。」馬修和我回到廚房。幫他們拿了酒杯之後,我心想:今晚,一定很有趣。

12
愛情與化學

　　我們一邊切著菜，一邊熱烈討論著究竟應該什麼時候使用牙線。刷牙前？還是刷牙後？突然汀娜的手機收到訊息，叮叮噹噹地響了起來。原來汀娜的追求者喬納斯一口氣傳來六個訊息。緊張大師寫的訊息全是最短的字彙，看不到任何標點符號或段落：

「嗨」

「吶！」

「還在實驗室？」

「我可以煮晚餐」

「來我家嗎？」

「去接妳」

　　汀娜緊張地看著我。

　　我對汀娜說：「幹嘛看我？」大笑說：「又是牙膏惹的禍！」

汀娜也笑了:「不完全啦!牙膏只是開始……我和他的化學
不對盤啦!」

汀娜語帶雙關,弄得我們大笑了起來。

她嘆了口氣說:「我去打個電話。」接著走出廚房。

愛情的化學機制

我認為「化學對不對盤」這句話相當有趣,是口語中關於
化學的最正面說法。「愛情就是一種化學反應!」不論別人怎麼
想,愛情之於我,等於化學反應加上科學研究。哈哈,這樣的想
法會扼殺愛情羅曼蒂克的感覺嗎?我認為不會,原因在於:用科
學看世界,並不會削減宇宙萬象的魅力。

美國物理學家暨諾貝爾獎得主理察·費曼(Richard
Feynman)在接受專訪時完美地肯定了這項觀點:

有位藝術家朋友偶爾會和我意見相左。某次,他捻起一朵
花說:「很美吧?」我表示贊同。他繼續說:「藝術家看見花朵的
美麗,但科學家卻將美感拆解,讓它變得既空洞又悲慘。」我認
為,這位朋友的頭腦壞了。(……)我能感受到花朵之美。同時,
所見更多。我能想像花朵中的細胞與細胞間互動之美。花朵之美
不僅止於實體,更在於其細微的面向、內在結構與生化作用過
程。花朵演化顏色以吸引昆蟲傳播花粉,這件事很有趣,因為這
表示昆蟲能夠看見顏色。這引導出另一個問題:昆蟲具有審美觀

嗎？為何審美？科學知識只會加深我們對花朵的讚嘆、神祕與敬畏。只會發人深思，而非掠奪諸象之美。

　　費曼大師這席話一語道破所有科學研究者的內心想法。或許讀者們並不在科學領域裡工作，但我衷心希望大家能夠慢慢感同費曼教授的信念，更加仔細靜觀萬事萬物，讓大千世界變得更為繽紛有趣。

　　再者，科學研究之美或許並不在於解開事實謎團，而在於追尋答案的旅程。例如，關於愛情的多面向研究並非一蹴可幾，目前所知有限。從科學的角度去解開愛情、情緒與人際互動之謎，不是很浪漫嗎？

　　雖然沒有經過研究，但我敢打包票：我和馬修的愛情化學關係很麻吉，或許因為我們都是唸化學。哈哈！我倆牽手迄今已經十個年頭，早就是老夫老妻。但當我疲憊返家後聽見他的開門聲，或當他去或車站接我下班時，這聽起來或許有點俗氣，一見到他，我心裡就開始小鹿亂撞。但事實上小鹿亂撞感的「始作俑者」一點也不浪漫。這和每天早上讓我捉狂的鬧鐘聲音一樣，都來自於人類的「打或跑反應機制」。

　　大家別誤會！愛情的化學機制雖然和面對壓力的打或跑反應一樣，卻不表示：我一看見馬修，就想狠狠揍他或溜得遠遠的。如果這是你面對伴侶的心態，那麼還是盡早分手吧。戀愛的時候，我們會正向解讀身體的壓力反應。戀愛時不只心臟怦怦跳，體內的皮質醇（Cortisol）分泌量也會提高。之前我們學過皮質醇

被稱為「壓力荷爾蒙」，現在就讓我們一起來認識皮質醇的另一面。就是它，讓我們心裡出現小鹿亂撞的感覺。所以說，我們是不是應該將皮質醇改名為「愛情荷爾蒙」呢？

這個科學小常識也可以用來解釋「鎂光燈恐懼症」。站在舞台上或面對陌生人演講時的恐懼，同樣也源自於「打或跑反應」。然而熱愛舞台者不但不想逃，反而覺得心花朵朵開。這和熱戀期體內的化學反應是一模一樣的。

「打或跑」的當下情況或許不同，但意義相同。演講時最重要的焦點就是集中精神演講。同樣的，在面對猛獸的當下，注意力也必須集中在猛獸身上，亦即身體不必去執行在那個當下不重要的功能，例如可以稍後再執行消化等功能。血液避開胃而流至他處，面對壓力的人認為這是飢餓感；但熱戀中男女卻覺得：只要愛情，沒有麵包也可以，肚子餓沒關係。工作一整天之後再看見老公時，我的身體會說：「別管其他的，吃飯消化都可以等，現在就專心凝視意中人吧！」

擁抱的防疫力

我們日復一日頂著高壓辛苦工作，生活當中的人生至幸不就在於溫暖的擁抱以及情感支持的力量嗎？前幾年馬路上興起「免費擁抱運動」（Free Hugs），透過擁抱向陌生人傳遞溫暖。這項活動的確帶來許多燦爛的笑容以及真真實實的喜悅，是個相當有趣的現象。

擁抱時究竟發生了什麼事？匹茲堡卡內基大學的心理學教授們招募了四百多名參與者進行相關研究，分為三大步驟：

研究步驟一：詢問研究參與者之社交圈（真實世界裡的親朋好友，不是網路上的社交圈）以及日常生活中的情緒支持。是否有朋友？是否和朋友共同做一些事情？是否認為自己被社會隔絕在外？擔心害怕時，有沒有值得信賴的人？

研究步驟二：每天晚上詢問研究參與者，當天是否與他人起衝突？是否與人擁抱？（此步驟進行兩週）。

研究步驟三：研究參與者被病毒感染並隔離觀察！

以心理學研究而言，步驟三的介入程度頗高。相對的，其結果顯得更加有趣。與人發生衝突可能形成壓力（負面的壓力，並非怦然心動的感覺），壓力可能造成免疫功能低下。例如人在工作壓力大時容易感冒。研究結果發現：不論在過去兩週內與人發生衝突的次數多寡，社交圈後盾強大且擁有良好情緒支持者，罹患病毒型感冒的機率比較低。過去兩週內被擁抱的次數越多者，越不容易被傳染感冒。啊！這樣的結果表示：擁抱有助於預防感冒嗎？關於此議題，目前仍有待進一步的研究。我先說說自己的經驗。

我自己挺喜歡親親抱抱的。可能來自媽媽的遺傳，或因為媽媽在我童年時期常常給我愛的抱抱。雖然我現在長大成人了，還是和父母常有肢體上的親暱動作。十二歲的時候，我和家人第一次去越南探望外婆。經過長時間的飛行以及顛簸的巴士轉乘，我們才在夜色昏黑時疲憊地抵達。一下車，我們就被許多親戚團團

圍住，他（她）們欣喜若狂地笑著、哭著、擁我入懷、親吻我的額頭，完全不想放開我，對於當時剛剛是青少女的我真的有點小尷尬。但我想，這就是家族血脈與傳統。

　　大學時代學到**催產素**（Oxytocin）的時候才恍然大悟地瞭解：人類喜歡親親抱抱，原來是因為這個與分娩及哺乳有關的荷爾蒙。催產素有助於加強子宮肌肉收縮，因此它在古希臘文裡蘊含著「迅速生產」的意思。此外，它亦可強化母嬰緊密的情感連結。不僅如此，情侶接吻的時候也會促進大腦分泌催產素，讓兩人感情與愛情升溫。因此，催產素也被冠上「愛情荷爾蒙」的美名。

　　當時我認為：喔，原來我母系親戚體內的催產素濃度偏高啊！後來才慢慢瞭解，其實荷爾蒙的作用並非如此簡單。

　　催產素的化學分子結構看起來挺美的：

催產素

正因這份美感以及愛情荷爾蒙的暱稱，化學系的書呆子們大都拜倒在催產素的石榴裙下。不僅衍生出一大堆周邊商品，更有許多科學家專門研究催產素。

催產素研究在 1979 年邁入了新的里程碑。科學家將催產素注射入沒有過性經驗的雌鼠體內，結果發現實驗鼠開始出現照顧幼仔的母性行為，雖然牠們並非自己懷胎親生。1994 年的研究發現，催產素會影響草原田鼠的擇偶行為。草原田鼠不僅長相可愛（大家可以搜尋一下圖片），更是少數終身維持一夫一妻制的哺乳類動物。催產素會讓草原田鼠一輩子都洋溢著愛的幸福感。

催產素在人類身上有何魅力呢？一項瑞士研究要求受試者在遊戲中投資給自己信任的人。結果發現：服用催產素的實驗組成員更傾向於投資給陌生人，亦即催產素有助於增加人際信任感。另一項德國研究則指出：服用催產素之後，男性吃零食的次數會下降，亦即零食攝取熱量會減少。研究者懷疑，愛情荷爾蒙似乎能夠抑制飢餓感。果能如此，真是減重福音啊！不過，這尚待後續研究釐清。

催產素隱而不現的一面

催產素的研究議題五花八門，不過並非一昧讚賞催產素的優點。近年研究指出：催產素有助於強化人際互動歷程中的回憶。但是，不僅例如初吻等美好的人生回憶會被強化，遭人羞辱或喪親恐懼等負面記憶也會因為催產素的緣故而顯得「往事歷歷，如

在目前」。

荷蘭心理學家發現催產素作用的矛盾之處。一方面它積極強化人際關係，另一方面卻助長「小圈圈派系行為」，讓人更傾向於排除異己。也就是：催產素讓我們一方面能夠「同理」及憐憫與自己相似的人，另一方面卻強化了我們對於「非我族類」的排斥。

最新研究顯示，催產素不僅僅只是正向的愛情荷爾蒙而已，對於人類的社會行為，它兼具正向及負向的影響。大家可以想像：我們每分每秒都接收著大量的刺激、訊號與資訊，總有一些會被忽略。例如今天中午當我和汀娜在學生餐廳裡用餐的時候，我並未留意到她的心情欠佳。在那個當下，催產素的作用在於過濾訊息。催產素也與一種名為 4- 胺基丁酸（英文縮寫為 GABA）的分泌有關。我們會在下一章好好瞭解一下 4- 胺基丁酸這種抑制型神經傳導物質。大腦接收到這項神經傳導物質的指令，進而過濾「雜音」訊息，好讓我們更加留意當下重要的社交訊息。

自閉症患者通常無法正確解讀他人例如臉部表情及情緒等社交訊息。那麼，能夠利用催產素來改善自閉症患者的社交行為嗎？的確，已有相關研究，卻因為無法複製實驗或無法得出類似結果而宣告失敗。不過，針對體內催產素濃度偏低的自閉症患者而言，未來應該可以透過催產素來增強其大腦之社交能力。

另一項有趣的議題則是關於催產素與喝酒造成的結果。觀察發現：

催產素與喝酒之共同優點在於：有助減少恐懼、紓緩壓力、

強化人際信任，並讓人變得慷慨大方。

　　催產素與喝酒的共同缺點是例如：讓人出現暴力行為、變得樂於鋌而走險，以及偏袒自己的小圈圈。

　　催產素及酒精的神經學作用機制也超級雷同。這一點相當令人驚訝。酒精會讓神經傳導物質 GABA 的抑制效果變得更大。進一步的詳細解釋，請見下一章。英文說 love drunk；「愛到醉」此言或許不假。

　　汀娜和喬納斯還沒愛得這麼深。她打完電話走回廚房。我抱了抱她補償一下。為了保證她今晚心情愉快，又替她倒了酒。

13
熱情追求客觀態度

　　酒足飯飽。大夥一邊等候烤箱裡的熔岩巧克力蛋糕出爐，一邊輕啜著葡萄酒。只有我的酒杯裡裝著白開水，因為我就像三、四成的東南亞人一樣不勝酒力。為什麼呢？因為部分亞洲人體內有一種代謝酒精的關鍵基因發生變異，只要喝一點點的酒就會面紅耳赤，而且超容易喝醉。雖然先天遺傳受限，許多亞洲人仍然酷愛杯中物。我有個德國朋友近年在中國工作，他總是被拱喝酒。雖然中國人的基因不適合豪飲，他們還是喜歡每隔幾天就喝個酩酊大醉。我個人開派對的時候絕對事先墊高家中的美酒庫存量，若不如此，客人一定會大肆批評。

芳醇可口的毒物

　　酒精是個大家族。我們平常喝的酒是**乙醇**（Ethanol），乃酒精當中較為特別的一種類別。所有的酒精皆具有毒性，只不過毒性高低差異而已。酒精不僅本身是個麻煩製造者，它的代謝產物也有毒。醇類會氧化成為醛類（Aldehyde），醛類繼續氧化成為羧酸（Carboxylic acid）。如果喝到不良的私釀酒或工業酒精**甲醇**（Methanol），它氧化之後會形成毒性超高的甲酸，嚴重可能導致失明。**異丙醇**（Isopropanol）則被用來做為消毒清潔劑，一旦誤食容易導致呼吸困難，甚至昏迷。

　　所有的酒精種類都有其致命劑量。與其他醇類相比，乙醇的致命劑量相對還在容忍範圍之內。為避免乙醇中毒而丟了小命，人體發展出來的因應機制就是「嘔吐」。不過，意識不清時嘔吐也可能出現致命風險。

　　就算不喝得醉茫茫，喝酒仍然有害健康。肝臟是我們的解毒試驗所，喝進肚子裡的酒精必須在肝臟分解。飲酒過度會造成肝臟負擔，長久下來則容易導致肝臟疾病。另外，喝酒不節制也會引發心臟及胃腸病變。狂飲的壞處還不止這些。更遑論酒醉之際做出的不智之舉與決定。

　　因此，我認為自己的「酒精不耐症」是來自上天的祝福，希望以後我的孩子能遺傳到這種亞洲人特有的基因變異。這個心願聽起來有點故意。許多德國人很同情我。但正因為我的品酒經驗近乎零，所以也不會想喝酒。

　　不論你們是否一掬同情之淚，這條酒精不耐變異基因真的超級有趣。進一步了解它之前，我們必須先弄懂乙醇的代謝過程。

　　首先，人體內的**乙醇脫氫酶**（Alcohol dehydrogenases，簡稱 ADH）會讓乙醇酒精氧化成為**乙醛**（Acetaldehyde）。從健康的角度來看，乙醛和乙醇一樣是健康殺手，可能引發 DNA 結構變化及致癌。許多研究指出飲酒與癌症有關，乙醛就是其中關鍵的致病物質。因此，人體會努力盡速分解乙醛這種有毒成分。在酒精代謝的過程中，乙醛進一步被氧化成為**醋酸**或**醋酸鹽**（Acetate），亦即乙酸所形成的鹽類。到這一步，才算解除危機。身體能將醋酸排出體外，或將之轉化成熱量。酒精帶來的卡路里數目高得嚇人。

　　在乙醛變成醋酸鹽的氧化過程中需要酵素。在大多數歐洲人身上，這種酵素叫做醛去氫酶，簡稱 ALDH2。然而許多東亞人與極少數其他人體內製造的 ALDH2 酵素之化學結構與歐洲的酵素版本並不相同，以至於無法發揮功能。挺棘手的麻煩吧？

折疊捲曲的胺基酸

　　為了瞭解這個問題，必須先弄清楚酵素的基本樣貌。本書已陸續介紹過幾種酵素，現在再補充幾項細節重點。酵素屬於蛋白質，基本結構為胺基酸。胺基酸則由胺基（$-NH_2$）及羧基（$-COOH$）組成的小分子。人體在合成蛋白質的時候需要 20 種不同的胺基酸：

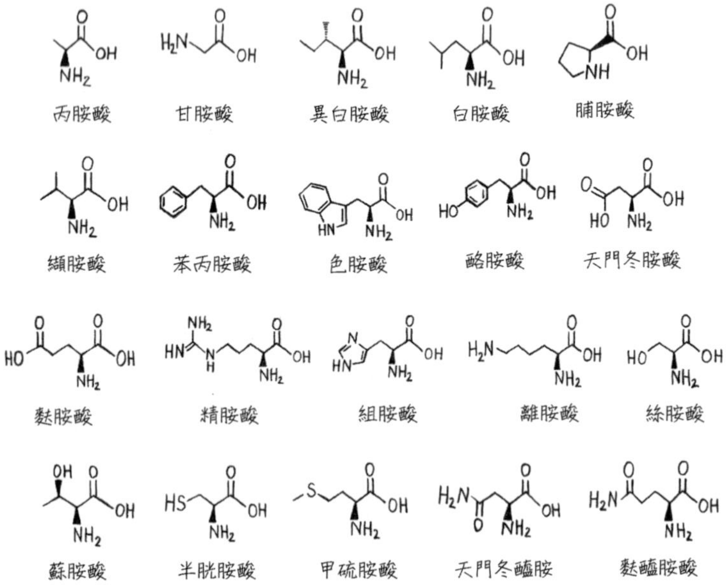

丙胺酸　　甘胺酸　　　異白胺酸　　白胺酸　　　脯胺酸

纈胺酸　　苯丙胺酸　　色胺酸　　　酪胺酸　　　天門冬胺酸

麩胺酸　　精胺酸　　　組胺酸　　　離胺酸　　　絲胺酸

蘇胺酸　　半胱胺酸　　甲硫胺酸　　天門冬醯胺　麩醯胺酸

　　這些胺基酸結構式給人相當震撼的第一印象。但細想，酵素（蛋白質）催化人體內所有的生化反應，而這 20 種胺基酸透過不同的組合方式形成蛋白質。這套「疊疊樂基本盤」未免太袖珍了一點吧？

　　胺基酸連結成長鏈，便形成蛋白質。例如 ALDH2 解酒酵素約由 500 個按照特定序列的胺基酸組成。這個長鏈並非任意飄動的一條直線，而是彷彿摺紙般層層疊疊的固定結構。酵素的胺基酸長鏈結構裡面存在著許多氫鍵，進而產生捲曲或折疊。乍看之下，胺基酸的螺旋結構似乎毫無章法，但事實上胺基酸的種類及序列決定著蛋白質的立體結構特徵，而這些立體特徵與蛋白質的

功能息息相關。

　　專家認為，蛋白質的構造的確十分複雜，因此將之分成四級構造，分別是：按照組成蛋白質的胺基酸序列所形成之**一級結構**（primary structure）、胺基酸長鏈固定摺疊及捲曲後形成的二級結構、三級以及與四級結構。

　　這有點像樂高積木。只看顏色及排列順序就相當於一級，最終 3D 立體的樂高塔則可比喻為四級。堆樂高塔的時候，可隨意以不同顏色的積木彼此取代，並不會改變樂高塔的形狀，但是任何在一級結構中的胺基酸異動，都會強烈地影響整個蛋白質結構。

　　我身上的 ALDH2 解酒酵素就是很好的例子。這個蛋白質長鏈上的第 487 號胺基酸出現了變異，這一個小小的胺基酸的改變就讓解酒酵素的氫鍵出現變化，進而改變了整個蛋白質結構。最後的結果是：我體內的解酒酵素無法分解乙醛，亦即該酵素不具催化活力。

　　少了酵素催化，我喝進去的酒精還是會氧化，只是這個過程變得異常緩慢，酒精需要更多時間來分解乙醛成為乙酸。幾「口」黃湯下肚之後，乙醛便開始在體內堆積。這讓身體不適，出現嘔吐、心跳加速、全身以及滿臉通紅。青少年時期，初識酒滋味的我還以為自己嚴重過敏了。這些症狀被統稱為「亞洲臉紅症」（Asian Flush Syndrome）。從那次可怕的酒精不耐經驗之後，我幾乎滴酒不沾。

　　後來在曼茲唸大學的時候，我經歷了這輩子唯一一次酩酊

228 Komisch, alles Chemisch!

大醉的經驗（目前並無意重複）。當時正值嘉年華狂歡節，清醒的人會覺得超級難受。我成長的小鎮裡娛樂不多，鎮民在週末都喜歡喝上幾杯。所以「眾人皆醉我獨醒」對我而言並不是那麼糟糕。不過，在曼茲嘉年華狂歡氣氛裡維持清醒，還真的是難度頗高。別人常問我為何不喜歡嘉年華，當他們聽見酒精不耐症這幾個字時，總會說：「喔！完全可以瞭解！不能喝酒很淒慘吧？」為什麼唯有喝得醉茫茫的，才算過狂歡節啊？

剛讀大學的幾年裡，嘉年華假期一到，我就夾起尾巴逃離曼茲。後來我決定至少嘗試一次變裝遊行、逛夜店及泡酒館等整套狂歡節慶祝活動。某天晚上，我和朋友不小心地踏進一間被許多「老傢伙」攻占的酒吧。當年我 20 歲，那群老傢伙大概就 30 多歲吧，像我現在一樣。他們唱著老歌，我雖然立刻想走，但因為心疼貴森森的 10 歐元入場費，只好留下來。因此決定：今朝有酒今朝醉，放膽狂飲吧！

誰知道，計畫趕不上變化，實際狀況變得萬分複雜。我點了好幾杯酒，喝一口覺得味道欠佳就遞給朋友解決。酒精本來就是有機溶劑，談不上是美味。飲酒入口燒喉，肚子裡覺得辣辣的。這種灼熱感來自於酒裡面的醛類成分，它很容易和感受冷熱的「熱覺受體」（Thermoception）結合，再將訊息傳至大腦，大腦將之判讀為「疼痛的灼熱感」。小紅辣椒裡的辣椒素（Capsaicin）也會與熱覺受體結合，作用機制類似。只不過辣椒素分子模擬直接的辣度，而乙醛則提高熱覺受體的敏銳度。乙醛降低了熱覺溫度閾值，因此酒一入口，舌頭就會出現灼熱感。喔！還是回到我

喝醉的故事吧！

　　才剛開始喝，都還不到半杯，我就覺得自己開始呼吸困難。只好到門口去呼吸一點新鮮空氣，剛靠近門邊，我就吐了。吐完後覺得舒服許多，還大言不慚地昭告眾人，自己即將努力開喝！結果，十分鐘之後我醉言醉語地嚷著要回家。朋友們一邊偷笑，一邊扶著步態蹣跚的我回到宿舍，後來我又吐了一次。才傍晚七點，我就醉暈在床上。唉！這都要怪亞洲人的解酒基因實在太不靈光。

發酒瘋是怎麼造成的？

　　酒精也會發酵，指的是酵母菌、糖、碳水化合物一起經過發酵作用而轉化成能量、乙醇和二氧化碳的過程。但對酵母菌而言，15 度以上的酒精就是毒藥。發酵後的產物竟然會害死發酵作用功臣，這真是悲劇啊！因此，酒廠不採用發酵法來製作高濃度酒精，而改用蒸餾法。

　　我自己雖然與酒無緣，卻很有興趣觀察人類的酒醉行為。一群不受控制的酒徒事實上還挺恐怖的，但飲酒文化已源遠流長數千年之久，人們對於酒精這款毒藥早習以為常。大家都討厭酒品差的人發酒瘋。但我必須承認：與滴酒不沾相比，杯觥交錯的夜晚時光顯得更其樂融融。

　　酒精讓恐龍寶寶彷彿變成了另一個人。他平時沉默寡言，今晚幾杯黃湯下肚之後卻變得超級幽默。這究竟是怎麼一回事呢？

為什麼酒精讓人變得不再畏縮、充滿自信呢？讓我們一起從化學觀點來瞭解喝醉這件事：

乙醇被腸胃吸收後，大部分隨著血液流動到肝臟，肝臟會分泌酵素開始分解乙醇。小部分的乙醇和乙醛則抵達肺臟進行氣體交換，這就是酒氣沖天的原因。滿身酒味令人嫌，卻方便警察臨檢執法。可見我們的身體會想方設法盡速排出酒精及其代謝物，但排出速度遠比不上豪爽的乾杯速度，因此會有一部分酒精隨著血液被帶到大腦。好玩的事就從這裡開始。對大腦而言，酒精就像鎮靜劑或麻藥。怎麼會？發酒瘋的人經常扯開嗓門大叫或跳上桌子手舞足蹈，哪裡顯得鎮靜呢？雖然酒精讓人們行為脫序，但從神經科學的角度來看，酒精的確具有抑制效果。準確地說，酒精抑制的是神經細胞之間的互動，而神經細胞之間互動的推手就是神經傳導物質。

第七章曾介紹過神經傳導物質血清素。現在和大家聊聊另一種神經傳導物質，好讓大家更瞭解喝醉這件事的來龍去脈。

之前提過組成蛋白質的 20 種胺基酸，其中之一是**麩胺酸**（Glutamic acid）。從功能來看，麩胺酸也扮演著神經傳導物質的角色。神經傳導物質主要可分為激發型及抑制型兩大類。麩胺酸**屬於激發型神經傳導物質**。當麩胺酸與其受體結合之後，會促進神經細胞互動，釋放出更多的訊號。

第十二章提過另一種神經傳導物質 GABA（4- 胺基丁酸）（又碰到它了！還記得嗎？催產素下令給大腦分泌 GABA）。它**屬於抑制型神經傳導物質**，在大腦中的作用與麩胺酸恰恰相反。

當 GABA 與其受體結合之後,會抑制神經細胞互動,減少神經
細胞之間的訊號傳遞。

麩胺酸
(激發型神經傳導物質)

GABA
(抑制型神經傳導物質)

　　談起大腦裡的神經傳導物質,經常也會提到「受體」。還記
得我們之前將受體比喻成停車格嗎?酒醉狀態裡的神經傳導歷
程究竟是什麼樣子呢?讓我們仔細探討一下。首先,大腦裡有
許多由蛋白質組成的受體,請把它們想像成平常狀況中被封閉的
隧道。一旦神經傳導物質與神經細胞表面的受體結合之後,隧道
將暫時開放,讓離子進入(例如鈉離子、鉀離子、鈣離子或氯離
子)。帶電價離子的移動使得細胞膜的電位出現了變化。神經細
胞透過電位差來傳遞訊息。以麩胺酸為例,麩胺酸與受體結合之
後會讓正離子往細胞內流入,使得膜電位大幅上升,激發神經元
細胞興奮。相反的,當 GABA 與其受體結合之後,神經元細胞
的細胞膜表面呈現負電價,訊息的傳遞便受到抑制。喝酒之後,
一部分的酒精隨著血液進入大腦。乙醇其實就是來攪局的。乙醇
分子「雙面玲瓏」,既能與麩胺酸受體結合,也可以和 GABA 受
體結合。也就是說,乙醇分子會掀起一場和麩胺酸及 GABA 的

「受體搶奪大戰」，妨礙上述兩種神經傳導物質與受體的結合。如此一來，原本麩胺酸應當產生的激發效應會受到抑制，而原本GABA神經傳導物質在釋放過程中應當產生的抑制作用卻因為喝了酒而被增強。隨著血液中的酒精濃度越來越高，乙醇分子會減少及阻斷神經元的傳導。當體內酒精超過某特定濃度時，大腦的運作速度會變得緩慢。因為大腦功能下降，讓人逐漸失去自制力，也不怕丟臉。藉此，即可解釋跳到桌子上並載歌載舞的發酒瘋行為。腦神經系統的各種機能越來越受到抑制，運動功能變得越來越差。神經元細胞彼此的互動減少，所以連走路都不穩。這時開始變得口齒不清，反應速度變得更慢。腦筋顯得越來越不靈光，當然不可能做出聰明的決定。大家或許都有過喝醉的經驗，肯定故事一籮筐吧？黃湯下肚醺醺然，酒醉者經常腦筋當機，感覺麻痺，不太記得當下發生的事。

　　正常情況下，GABA的重要性來自於它在釋放過程當中所產生的抑制效應。當然，我們需要大腦神經元靈活地執行功能，但也不宜照單全收全數環境裡的訊息，並加以分析。「越多越好」這句話，在這裡並不適用。GABA神經傳導物質的主要作用就是在協助我們將外界訊息分門別類，以利大腦「分級處理」。

　　外在環境時時刻刻都在對我們傳送超大量的訊息。如果不是GABA踩剎車，每個人都必須捉狂地忙著接收與分析訊息，哪有可能冷靜思考？因此，某些治療腦部不正常放電的癲癇藥物有助於提高患者體內的GABA濃度，避免患者情緒過於高亢興奮。我偶爾會想：酒精的確會放緩大腦轉速，但醉鬼會不會想得更仔

細、更透徹，只是速度緩慢而已呢？我自己不喝酒，沒有相關經驗，不過根據我的觀察，有些人總是在酒酣耳熱之際一味地重複相同的說詞或想法。或許這才是他們真正深思熟慮後的想法？

　　酒精對大腦的影響不僅於此，它還會促進一種名為**多巴胺**（Dopamine）的神經傳導物質分泌。多巴胺主要負責情緒、學習、注意力，以及對於肌肉動作的控制能力。大腦的獎勵功能也與多巴胺有關，例如投身興趣且樂此不疲時，大腦會非常活躍地分泌出大量多巴胺，讓我們願意更加投入。多巴胺分泌過量，則可能導致行為衝動、上癮，甚至思覺統整失調。體內多巴胺濃度越高，我們就越需要自制能力，方可免於菸酒上癮。不過，如果酒精早已經長驅直入地攻占了負責自我控制的腦區，那就真的很難堅持。這是為什麼喝醉酒的人隔天都後悔自己貪杯誤事的原因。

釀酒廠開在肚子裡

　　原則上，消化系統會先吸收一部分的酒精，其餘的酒精才循著血液循環系統分布到全身。還好我們四個人今晚都吃了豐盛的晚餐，並非空腹飲酒，這延緩了身體吸收酒精的速度。因此，兩位客人和我先生僅是微醺。

　　不可思議的是，醫界曾發現所謂的**自動釀酒症候群**（Auto-brewery syndrome）個案，或稱「腸道發酵症候群」。不過，罹患人數極少。請讓我慢慢告訴大家這個故事：

　　故事開始於 2004 年。一位中年美國人在動過手術又連續接

受抗生素治療之後，竟然發現兩瓶啤酒就能把他撂倒，有時候他沒碰酒竟然也「酒不醉人，人自醉」。也就是說，他的酒量沒緣由地變小了。他太太是護理師，每天替他測量血液裡的酒精濃度，發現他的酒測值經常超過 0.3。德國有些地方規定酒測值超過 0.03 即不宜開車，超過 0.11 即不具上路駕駛能力；美國則規定酒測值超過 0.08 不准開車上高速公路。從數值來看，這個男人真的是喝得太多了。他和太太曾經懷疑是酒心巧克力作祟，不過那也不太可能。他太太真的好相信他，沒怪他私下偷偷喝酒。2009 年某天，他因酒測值飆到幾乎會致命的 0.37 而掛急診，雖他一再表示自己並未喝酒，醫師們完全不相信他，認定他不僅偷偷躲起來喝，而且酒癮極大。

一年後，他因為大腸鏡檢查而再度入院。醫師們驚訝地在他的腸道裡發現了名為 Saccharomyces Cerevisiae 的啤酒酵母菌。這種真菌又被稱為釀酒酵母，因為是釀酒廠常用的菌種，極少存在於人類腸道當中。難道這個人在他自己肚子裡面開了釀酒廠？或者這是「啤酒肚」的最新定義？

醫療團隊開始研究這件事情的原委。2010 年，他住院一天進行檢查。照顧服務員很詳細地檢查了他的入院行李，確定他並未偷帶任何酒精。許多醫護都懷疑這個人不老實。醫院提供他糖水及澱粉類點心。誰知道，接近中午的時候，這個可憐的人便已爛醉如泥，酒測值 0.12。醫師才發現這個人罹患了「自動釀酒症候群」，因為他腸道裡的啤酒酵母將碳水化合物分解成酒精。這類案例不僅罕見，更缺乏精確的科學研究。這位患者後來接受了腸

道殺菌劑治療，也減少攝取碳水化合物。他終於不再天天酩酊大醉了。

把化學變成興趣

汀娜的恐龍寶寶開口說：「真是佩服佩服，你說的故事總是引人入勝，能夠喚起社會大眾對化學產生興趣……但我必須給你一些批評。」

汀娜突然認真地豎起耳朵。哇！搞什麼啊？平常一言不發的他，只不過喝了點酒，剛剛幽默搞笑，現在又想搞嚴肅的鬥爭大會。酒精真神奇！

托本說：「你怎麼可以盲目地鼓勵年輕人唸化學系？大家都來唸化學系，天下不就大亂了嗎？」

大家笑了起來。他或許很正經地思考這個問題。老實說，我們也應該正視這個問題。讓我再解釋清楚一點。

的確，我成為科普 YouTuber 的目標之一就是希望引導眾人對化學產生興趣。很多人給我回饋，讓我很高興，例如有年輕人寫信告訴我說他們之前對科學完全不感興趣，但現在因為我的影片反而察覺科學甚至化學之美。有些人表示，他們申請唸化學系，並讚譽我是他們的啟蒙大師或興趣推手。這些讚美當然也是我繼續從事科普的動力來源。

為什麼這很重要呢？

多年以來，「我們需要更多的**科學人才！**」的呼籲始終縈繞

耳際。科學指的是在數學、資訊科學、自然科學與科技領域（對我而言都相當有趣）。經常有報導指出：科學領域出現人才荒！不過，這類數據並無法吸引年輕人投身科學研究的行列。另外，勞動市場的需求也在變化中。近年來，德國的化學系新生人數大約維持每年 10 萬人左右。2017 年，這個數字前所未有地增加至 11 萬人，同年取得化學博士學位的人數則超過 2000 人。業界或許非常欠缺化學科學徒或實習生，但根本不需要這麼多的化學博士。

　　我說：「我並未鼓勵他們統統都來唸化學系！這只是『傳道』時額外帶動的風潮。」

　　汀娜和馬修不約而同地扯高嗓子：「傳道！」他們相視一笑，舉杯而飲。

　　他們兩人偶爾會捉弄嘲笑我的「傳道使命感」。這幾個字聽起來充滿宣教熱忱，放在我身上實在過於嚴肅了一點。不過，我是很認真地想做這件事，馬修和汀娜很瞭解，也願意支持我。

　　關於科學人才需求一事，我們經常聽見的說法是：「業界缺乏人力，所以需要更多的科學人才。」我認為，這樣的論述觀點過於短視近利。難道當科技類工作呈現飽和的時候，就不需要推動年青人對科學產生興趣嗎？我強調科學教育的原因在於：科學是人類生活中重要的一部分，我們應該擁有基本的科學知識！但不一定需要去大學唸這類的科系。

　　或許你選擇了社會組，認為物理遠比化學有趣得多（不過，你至少應該知道自然科學彼此之間都有關聯），想讀藝術史科

系，或想成為木工，都很棒！因為你可以「把化學當成興趣」，就像你在閒暇時間裡喜歡踢足球或彈吉他一樣。每個人都應該更認識生活中的化學！

　　不過，我不希望大家只是學習空洞的化學知識。本書以「一日生活」為主軸，帶領大家認識了例如粒子模型、熱力學、八隅體原則、化學鍵、氫鍵、氧化與還原反應、神經傳導物質與荷爾蒙、界面活性劑、氟化物、可可鹼、咖啡因等化學議題。大家相信嗎？我還可以聊聊「一日生活 2.0」，裡面的化學議題會和這本書截然不同。同樣的，日常生活裡的生物學或物理學範例也是取之不盡用之不竭。細節可有可無，我的核心重點在於：透過本書，將「科學精神」（Wissenschaftlicher Spirit）傳遞給大家。這就是我殷殷期盼的傳道使命，希望讓大家感染到更多的科學精神！我選擇以化學做為傳道的武器，但學科領域並不受限，武器也可以很多元化。科學研究「萬流歸宗」，歸入科學精神並合而為一。德文裡面沒有恰當的詞彙，因此我借用英文「Spirit」一字。

■科學精神就是不將一切視為理所當然，以全新的目光觀察世界，彷彿自己初次與世界相遇，在熟悉的事物當中尋找神奇的祕密。在生活中的每個當下發揮科學精神，例如好奇咖啡逐漸變涼的原因，進而探究分子移動的奧祕，然後說：「原來如此！咖啡變涼，竟然是分子惹的禍！真是太厲害啦！」
■科學精神就是發現萬事萬物隱含之美。學習透過科學家費曼先

生的目光來凝視花朵，進而發現新的科學知識，然後提出更多的疑問，一步步引導我們領略更多的神祕與美麗。

■科學精神就是運用隨機雙盲對照研究方法。因為研究者的期待可能影響應有的客觀態度以及批判式之思考模式，進而誤導研究結果。

■科學精神就是永無止境的好奇心，就連世界上最臭的化學分子都不能阻撓你上前去「深」探究竟。

■科學精神就是享受複雜的樂趣，不接受簡化的答案。對化學發生興趣並企圖去瞭解化學作用之間的關聯，不僅能夠讓自己的生命更豐盛，更將逐漸懂得欣賞事物間錯綜複雜的關聯性。

■科學精神就是愛上數據與事實。包括必須瞭解個人的成見所在，懂得反過頭來批判個人看法，並且願意依據事實真相隨時修訂個人認知。與個人看法相比，事實真相永遠優先。和某些研究者互動的時候，我常想：「研究者為什麼無法既充滿科學熱忱，又維持客觀的態度呢？」客觀不代表沒血沒淚。我只是呼籲大家永遠對客觀抱持熱情！

汀娜說：「說的真棒！乾杯，乾杯！敬熱情追求客觀態度！」

大家異口同聲說：「敬熱情追求客觀態度！」觥籌交錯，酒杯輕碰發出清脆響聲。這又是怎麼一回事呢？原來振動造成空氣分子開始做有節奏的振動，使周圍的空氣產生疏密變化，進而形成聲波傳入耳中。

參 考 書 目

第 1 章

Lewy, A. J., Wehr, T. A., Goodwin, F. K., Newsome, D. A. & Markey, S. P. (1980). Light suppresses melatonin secretion in humans. *Science*, 210(4475), 1267-1269.

Herman, J. P., McKlveen, J. M., Ghosal, S., Kopp, B., Wulsin, A., Makinson, R., ... & Myers, B. (2016). Regulation of the hypothalamic-pituitary-adrenocortical stress response. *Comprehensive Physiology*, 6(2), 603.

McEwen, B. S. & Stellar, E. (1993). Stress and the individual: mechanisms leading to disease. *Archives of internal medicine*, 153(18), 2093-2101.

Wilhelm, I., Born, J., Kudielka, B. M., Schlotz, W. & Wüst, S. (2007). Is the cortisol awakening rise a response to awakening? *Psychoneuroendocrinology*, 32(4), 358-366.

Wüst, S., Wolf, J., Hellhammer, D. H., Federenko, I., Schommer, N. & Kirschbaum, C. (2000). The cortisol awakening response - normal values and confounds. *Noise Health*, 7, 77-85.

Wren, M. A., Dauchy, R. T., Hanifin, J. P., Jablonski, M. R., Warfield, B., Brainard, G. C., ... & Rudolf, P. (2014). Effect of different spectral transmittances through tinted animal cages on circadian metabolism and physiology in Sprague-Dawley rats. *Journal of the American Association for Laboratory Animal Science*, 53(1), 44-51.

van Geijlswijk, I. M., Korzilius, H. P. & Smits, M. G. (2010). The use of exogenous melatonin in delayed sleep phase disorder: a meta-analysis. *Sleep*, 33(12), 1605-1614.

Claustrat, B. & Leston, J. (2015). Melatonin: Physiological effects in humans. *Neurochirurgie*, 61(2-3), 77-84.

Zisapel, N. (2018). New perspectives on the role of melatonin in human sleep, circadian rhythms and their regulation. *British journal of pharmacology*.

Lovallo, W. R., Whitsett, T. L., Al'Absi, M., Sung, B. H., Vincent, A. S. & Wilson, M. F. (2005). Caffeine stimulation of cortisol secretion across the waking hours in relation to caffeine intake levels. *Psychosomatic medicine*, 67(5), 734.

Huang, R. C. (2018). The discoveries of molecular mechanisms for the circadian rhythm: The 2017 Nobel Prize in Physiology or Medicine. *Biomedical journal*, 41(1), 5-8.

Stothard, E. R., McHill, A. W., Depner, C. M., Birks, B. R., Moehlman, T. M., Ritchie, H. K., ... & Wright Jr, K. P. (2017). Circadian entrainment to the natural light-dark cycle across seasons and the weekend. *Current Biology*, 27(4), 508-513.

第 3 章

Meyer-Lückel, H., Paris, S. & Ekstrand, K. (eds.) Karies: Wissenschaft und Klinische Praxis. Georg Thieme Verlag, 2012.

Choi, A. L., et al. Developmental fluoride neurotoxicity: a systematic review and meta-analysis. *Environmental health perspectives* 120.10 (2012): 1362.

Bashash, Morteza, et al. Prenatal fluoride exposure and cognitive outcomes in children at 4 and 6–12 years of age in Mexico. *Environmental health perspectives* 125.9 (2017): 097017.

EFSA Panel on Dietetic Products, Nutrition, and Allergies (NDA). (2013). Scientific Opinion on Dietary Reference Values for fluoride. *EFSA Journal*, 11(8), 3332.

第 4 章

Tremblay, M. S., Colley, R. C., Saunders, T. J., Healy, G. N. & Owen, N. (2010). Physiological and health implications of a sedentary lifestyle. *Applied physiology, nutrition, and metabolism*, 35(6), 725-740.

Baddeley, B., Sornalingam, S. & Cooper, M. (2016). Sitting is the new smoking: where do we stand? *Br J Gen Pract*, 66(646), 258-258.

World Health Organization. (2017). Noncommunicable diseases: progress monitor 2017.

Forouzanfar, M. H., Afshin, A., Alexander, L. T., Anderson, H. R., Bhutta, Z. A.,

Biryukov, S., ... & Cohen, A. J. (2016). Global, regional, and national comparative risk assessment of 79 behavioural, environmental and occupational, and metabolic risks or clusters of risks, 1990-2015: a systematic analysis for the Global Burden of Disease Study 2015. *The Lancet*, 388(10053), 1659-1724.

Chau, J. Y., Bonfiglioli, C., Zhong, A., Pedisic, Z., Daley, M., McGill, B. & Bauman, A. (2017). Sitting ducks face chronic disease: an analysis of newspaper coverage of sedentary behaviour as a health issue in Australia 2000-2012. *Health Promotion Journal of Australia*, 28(2), 139-143.

Ekelund, U., Steene-Johannessen, J., Brown, W. J., Fagerland, M. W., Owen, N., Powell, K. E., ... & Lancet Sedentary Behaviour Working Group. (2016). Does physical activity attenuate, or even eliminate, the detrimental association of sitting time with mortality? A harmonised meta-analysis of data from more than 1 million men and women. *The Lancet*, 388(10051), 1302-1310.

O'Donovan, G., Lee, I. M., Hamer, M. & Stamatakis, E. (2017). Association of »weekend warrior« and other leisure time physical activity patterns with risks for all-cause, cardiovascular disease, and cancer mortality. *JAMA internal medicine*, 177(3), 335-342.

Martin, A., Fitzsimons, C., Jepson, R., Saunders, D. H., van der Ploeg, H. P., Teixeira, P. J., ... & Mutrie, N. (2015). Interventions with potential to reduce sedentary time in adults: systematic review and meta-analysis. *Br J Sports Med*, 49(16), 1056-1063.

Stamatakis, E., Pulsford, R. M., Brunner, E. J., Britton, A. R., Bauman, A. E., Biddle, S. J. & Hillsdon, M. (2017). Sitting behaviour is not associated with incident diabetes over 13 years: the Whitehall II cohort study. *Br J Sports Med*, bjsports-2016.

Marmot, M. & Brunner, E. (2005). Cohort profile: the Whitehall II study. *International journal of epidemiology*, 34(2), 251-256.

Biswas, A., Oh, P. I., Faulkner, G. E., Bajaj, R. R., Silver, M. A., Mitchell, M. S. & Alter, D. A. (2015). Sedentary time and its association with risk for disease incidence, mortality, and hospitalization in adults: a systematic review and meta-analysis. *Annals of internal medicine*, 162(2), 123-132.

Van Uffelen, J. G., Wong, J., Chau, J. Y., van der Ploeg, H. P., Riphagen, I., Gilson, N. D., ... & Gardiner, P. A. (2010). Occupational sitting and health risks: a systematic review. *American journal of preventive medicine*, 39(4), 379-388.

Stamatakis, E., Coombs, N., Rowlands, A., Shelton, N. & Hillsdon, M. (2014). Objectively-assessed and self-reported sedentary time in relation to multiple socioeconomic status indicators among adults in England: a cross-sectional study. *BMJ open*, 4(11), e006034.

Grøntved, A. & Hu, F. B. (2011). Television viewing and risk of type 2 diabetes, cardiovascular disease, and all-cause mortality: a meta-analysis. *JAMA*, 305(23), 2448-2455.

Stamatakis, E., Hillsdon, M., Mishra, G., Hamer, M. & Marmot, M. G. (2009). Television viewing and other screen-based entertainment in relation to multiple socioeconomic status indicators and area deprivation: The Scottish Health Survey 2003. *Journal of Epidemiology & Community Health*, jech-2008.

Hamer, M., Stamatakis, E. & Mishra, G. D. (2010). Television-and screen-based activity and mental well-being in adults. *American journal of preventive medicine*, 38(4), 375-380.

Pearson, N. & Biddle, S. J. (2011). Sedentary behavior and dietary intake in children, adolescents, and adults: a systematic review. *American journal of preventive medicine*, 41(2), 178-188.

Scully, M., Dixon, H. & Wakefield, M. (2009). Association between commercial television exposure and fast-food consumption among adults. *Public health nutrition*, 12(1), 105-110.

第 5 章

Liljenquist, K., Zhong, C. B. & Galinsky, A. D. (2010). The smell of virtue: Clean scents promote reciprocity and charity. *Psychological Science*, 21(3), 381-383.

Vohs, K. D., Redden, J. P. & Rahinel, R. (2013). Physical order produces healthy choices, generosity, and conventionality, whereas disorder produces creativity. *Psychological Science*, 24(9), 1860-1867.

Open Science Collaboration. (2015). Estimating the reproducibility of psychological science. *Science*, 349(6251), aac4716.

Price, D. D., Finniss, D. G. & Benedetti, F. (2008). A comprehensive review of the placebo effect: recent advances and current thought. *Annu. Rev. Psychol.*, 59, 565-590.

Jewett, D. L., Fein, G. & Greenberg, M. H. (1990). A double-blind study of symptom provocation to determine food sensitivity. *New England Journal of Medicine*, 323(7), 429-433.

Benedetti, F., Lanotte, M., Lopiano, L. & Colloca, L. (2007). When words are painful: unraveling the mechanisms of the nocebo effect. *Neuroscience*, 147(2), 260-271.

第 6 章

Yogeshwar, R. »What's in it for me?« https://www.spektrum.de/kolumne/und-was-brings-mir/1563312 https://www.meta-magazin.org/2018/05/05/whats-in-for-me-oder-wieso-das-grassierende-kraemerdenken-die-wissenschaft-bedroht/

Rohrig, B. (2015). Smartphones. *ChemMatters*, 11.

Buchmann, I. (2001). *Batteries in a portable world: a handbook on rechargeable batteries for non-engineers*. Richmond: Cadex Electronics.

Braga, M. H., M Subramaniyam, C., Murchison, A. J. & Goodenough, J. B. (2018). Nontraditional, Safe, High Voltage Rechargeable Cells of Long Cycle Life. *Journal of the American Chemical Society*, 140(20), 6343-6352.

第 7 章

Asberg, M., Thoren, P., Traskman, L., Bertilsson, L. & Ringberger, V. (1976). Serotonin depression - a biochemical subgroup within the affective disorders? *Science*, 191(4226), 478-480.

Song, F., Freemantle, N., Sheldon, T. A., House, A., Watson, P., Long, A. & Mason, J. (1993). Selective serotonin reuptake inhibitors: meta-analysis of efficacy and acceptability. *Bmj*, 306(6879), 683-687.

Owens, M. J. & Nemeroff, C. B. (1994). Role of serotonin in the pathophysiology of depression: focus on the serotonin transporter. *Clinical chemistry*, 40(2), 288-295.

Whittington, C. J., Kendall, T., Fonagy, P., Cottrell, D., Cotgrove, A. & Boddington, E. (2004). Selective serotonin reuptake inhibitors in childhood depression: systematic review of published versus unpublished data. *The Lancet*, 363(9418), 1341-1345.

Fergusson, D., Doucette, S., Glass, K. C., Shapiro, S., Healy, D., Hebert, P. & Hutton, B. (2005). Association between suicide attempts and selective serotonin reuptake inhibitors: systematic review of randomised controlled trials. *Bmj*, 330(7488), 396.

Risch, N., Herrell, R., Lehner, T., Liang, K. Y., Eaves, L., Hoh, J., … & Merikangas, K. R. (2009). Interaction between the serotonin transporter gene (5-HTTLPR), stressful life events, and risk of depression: a meta-analysis. *Jama*, 301(23), 2462-2471.

Karg, K., Burmeister, M., Shedden, K. & Sen, S. (2011). The serotonin transporter promoter variant (5-HTTLPR), stress, and depression meta-analysis revisited: evidence of genetic moderation. *Archives of general psychiatry*, 68(5), 444-454.

Aguilar, F., Autrup, H., Barlow, S., Castle, L., Crebelli, R., Dekant, W., … & Gürtler, R. (2008). Assessment of the results of the study by McCann et al. (2007) on the effect of some colours and sodium benzoate on children's behaviour. *The EFSA Journal*, 660, 1-54.

McCann, D., Barrett, A., Cooper, A., Crumpler, D., Dalen, L., Grimshaw, K., … & Sonuga-Barke, E. (2007). Food additives and hyperactive behaviour in 3-year-old and 8/9-year-old children in the community: a randomised, double-blinded, placebo-controlled trial. *The Lancet*, 370(9598), 1560-1567.

Schab, D. W. & Trinh, N. H. T. (2004). Do artificial food colors promote hyper-activity in children with hyperactive syndromes? A meta-analysis of double-blind placebo-controlled trials. *Journal of Developmental & Behavioral Pediatrics*, 25(6), 423-

434.

Watson, R. (2008). European agency rejects links between hyperactivity and food additives. *BMJ: British Medical Journal*, 336(7646), 687.

EFSA Panel on Food Additives and Nutrient Sources (ANS). (2016). Scientific Opinion on the re-evaluation of benzoic acid (E 210), sodium benzoate (E 211), potassium benzoate (E 212) and calcium benzoate (E 213) as food additives. *EFSA Journal*, 14(3), 4433.

第 8 章

卡雷拉的信原始來源不可追。這封信被流傳出來並在網路上散播。翻拍照片請見下列網址：http://www.chemistry-blog.com/tag/carreira-letter/

第 9 章

Zeng, X.-N., et al. Analysis of characteristic odors from human male axillae. *Journal of Chemical Ecology* 17.7 (1991): 1469-1492.

Fredrich, E., Barzantny, H., Brune, I. & Tauch, A. (2013). Daily battle against body odor: towards the activity of the axillary microbiota. *Trends in Microbiol* 21(6), 305-312.

The Chemistry of Body Odours - Sweat, Halitosis, Flatulence & Cheesy Feet. Compound Interest, 14. April 2014. https://www.compoundchem.com/2014/04/07/the-chemistry-of-body-odours-sweat-halitosis-flatulence-cheesy-feet/

Suarez, F. L., Springfield, J. & Levitt, M. D. (1998). Identification of gases responsible for the odour of human flatus and evaluation of a device purported to reduce this odour. *Gut*, 43(1), 100-104.

Fromm, E. & Baumann, E. (1889). Ueber Thioderivate der Ketone. *Berichte der deutschen chemischen Gesellschaft*, 22(1), 1035-1045.

Baumann, E., & Fromm, E. (1889). Ueber Thioderivate der Ketone. *Berichte der deutschen chemischen Gesellschaft*, 22(2), 2592-2599.

Krewski, D., Yokel, R. A., Nieboer, E., Borchelt, D., Cohen, J., Harry, J., ... &

Rondeau, V. (2007). Human health risk assessment for aluminium, aluminium oxide, and aluminium hydroxide. *Journal of Toxicology and Environmental Health, Part B*, 10(S1), 1-269.

Bundesinstitut für Risikobewertung (2014). Aluminiumhaltige Antitranspirantien tragen zur Aufnahme von Aluminium bei. Stellungnahme Nr. 007/2014. http://www. bfr.bund.de/cm/343/aluminiumhaltigeantitranspirantien-tragen-zur-aufnahme-von-aluminium-bei. pdf.

Callewaert, C., De Maeseneire, E., Kerckhof, F. M., Verliefde, A., Van de Wiele, T. & Boon, N. (2014). Microbial odor profile of polyester and cotton clothes after a fitness session. *Applied and environmental microbiology*, AEM-01422.

第 10 章

Hampson, N. B., Pollock, N. W. & Piantadosi, C. A. (2003). Oxygenated water and athletic performance. *JAMA*, 290(18), 2408-2409.

Eweis, D. S., Abed, F. & Stiban, J. (2017). Carbon dioxide in carbonated beverages induces ghrelin release and increased food consumption in male rats: Implications on the onset of obesity. *Obesity research & clinical practice*, 11(5), 534-543.

Vartanian, L. R., Schwartz, M. B. & Brownell, K. D. (2007). Effects of soft drink consumption on nutrition and health: a systematic review and meta-analysis. *American journal of public health*, 97(4), 667-675.

Mourao, D. M., Bressan, J., Campbell, W. W. & Mattes, R. D. (2007). Effects of food form on appetite and energy intake in lean and obese young adults. *International journal of obesity*, 31(11), 1688.

第 11 章

Baggott, M. J., Childs, E., Hart, A. B., De Bruin, E., Palmer, A. A., Wilkinson, J. E. & De Wit, H. (2013). Psychopharmacology of theobromine in healthy volunteers. *Psychopharmacology*, 228(1), 109-118.

Judelson, D. A., Preston, A. G., Miller, D. L., Muñoz, C. X., Kellogg, M. D. & Lieberman, H. R. (2013). Effects of theobromine and caffeine on mood and vigilance. *Journal of clinical psychopharmacology*, 33(4), 499-506.

Mumford, G. K., Evans, S. M., Kaminski, B. J., Preston, K. L., Sannerud, C. A., Silverman, K. & Griffiths, R. R. (1994). Discriminative stimulus and subjective effects of theobromine and caffeine in humans. *Psychopharmacology*, 115(1-2), 1-8.

Li, X., Li, W., Wang, H., Bayley, D. L., Cao, J., Reed, D. R., ... & Brand, J. G. (2006). Cats lack a sweet taste receptor. *The Journal of nutrition*, 136(7), 1932S-1934S.

Li, X., Glaser, D., Li, W., Johnson, W. E., O'brien, S. J., Beauchamp, G. K. & Brand, J. G. (2009). Analyses of sweet receptor gene (Tas1r2) and preference for sweet stimuli in species of Carnivora. *Journal of Heredity*, 100(S1), 90-100.

Huth, P. J. (2007). Do ruminant trans fatty acids impact coronary heart disease risk?. *Lipid technology*, 19(3), 59-62.

Joint, F. A. O. & Consultation, W. E. (2009). Fats and fatty acids in human nutrition. *Ann Nutr Metab*, 55(1-3), 5-300.

Nishida, C. & Uauy, R. (2009). WHO Scientific Update on health consequences of trans fatty acids: introduction. *European journal of clinical nutrition*, 63(S2), 1-4.

Simopoulos, A. P., Leaf, A. & Salem Jr, N. (1999). Essentiality of and recommended dietary intakes for omega-6 and omega-3 fatty acids. *Annals of Nutrition and Metabolism*, 43(2), 127-130.

Servick, K. (2018). The war on gluten.

Catassi, C., Bai, J. C., Bonaz, B., Bouma, G., Calabrò, A., Carroccio, A., ... & Francavilla, R. (2013). Non-celiac gluten sensitivity: the new frontier of gluten related disorders. *Nutrients*, 5(10), 3839-3853.

Bomgardner, M. M. (2016). The problem with vanilla. *Chemical & Engineering News*, 94(36), 38-42.

第 12 章

Richard Feynman 訪問影片：https://youtu.be/ZbFM3rn4ldo.

Marazziti, D. & Canale, D. (2004). Hormonal changes when falling in love. *Psychoneuroendocrinology*, 29(7), 931-936.

Mercado, E. & Hibel, L. C. (2017). I love you from the bottom of my hypothalamus: The role of stress physiology in romantic pair bond formation and maintenance. *Social and Personality Psychology Compass*, 11(2), e12298.

Cohen, S., Janicki-Deverts, D., Turner, R. B. & Doyle, W. J. (2015). Does hugging provide stress-buffering social support? A study of susceptibility to upper respiratory infection and illness. *Psychological science*, 26(2), 135-147.

Murphy, M. L., Janicki-Deverts, D. & Cohen, S. (2018). Receiving a hug is associated with the attenuation of negative mood that occurs on days with interpersonal conflict. *PloS one*, 13(10), e0203522.

Pedersen, C. A. & Prange, A. J. (1979). Induction of maternal behavior in virgin rats after intracerebroventricular administration of oxytocin. *Proceedings of the National Academy of Sciences*, 76(12), 6661-6665.

Cho, M. M., DeVries, A. C., Williams, J. R. & Carter, C. S. (1999). The effects of oxytocin and vasopressin on partner preferences in male and female prairie voles (Microtus ochrogaster). *Behavioral neuroscience*, 113(5), 1071.

Williams, J. R., Insel, T. R., Harbaugh, C. R. & Carter, C. S. (1994). Oxytocin administered centrally facilitates formation of a partner preference in female prairie voles (Microtus ochrogaster). *Journal of neuroendocrinology*, 6(3), 247-250.

Baumgartner, T., Heinrichs, M., Vonlanthen, A., Fischbacher, U. & Fehr, E. (2008). Oxytocin shapes the neural circuitry of trust and trust adaptation in humans. *Neuron*, 58(4), 639-650.

Ott, V., Finlayson, G., Lehnert, H., Heitmann, B., Heinrichs, M., Born, J. & Hallschmid, M. (2013). Oxytocin reduces reward-driven food intake in humans. *Diabetes*, DB_130663.

Guzmán, Y. F., Tronson, N. C., Jovasevic, V., Sato, K., Guedea, A. L., Mizukami, H., … & Radulovic, J. (2013). Fear-enhancing effects of septal oxytocin receptors. *Nature neuroscience*, 16(9), 1185.

Guzmán, Y. F., Tronson, N. C., Sato, K., Mesic, I., Guedea, A. L., Nishimori, K. & Radulovic, J. (2014). Role of oxytocin receptors in modulation of fear by social memory. *Psychopharmacology*, 231(10), 2097-2105.

De Dreu, C. K., Greer, L. L., Van Kleef, G. A., Shalvi, S. & Handgraaf, M. J. (2011). Oxytocin promotes human ethnocentrism. *Proceedings of the National Academy of Sciences*, 108(4), 1262-1266.

Guastella, A. J., Einfeld, S. L., Gray, K. M., Rinehart, N. J., Tonge, B. J., Lambert, T. J. & Hickie, I. B. (2010). Intranasal oxytocin improves emotion recognition for youth with autism spectrum disorders. *Biological psychiatry*, 67(7), 692-694.

Young, L. J. & Barrett, C. E. (2015). Can oxytocin treat autism? *Science*, 347(6224), 825-826.

Owen, S. F., Tuncdemir, S. N., Bader, P. L., Tirko, N. N., Fishell, G. & Tsien, R. W. (2013). Oxytocin enhances hippocampal spike transmission by modulating fast-spiking interneurons. *Nature*, 500(7463), 458.

第 13 章

Wall, T. L., Thomasson, H. R., Schuckit, M. A. & Ehlers, C. L. (1992). Subjective feelings of alcohol intoxication in Asians with genetic variations of ALDH2 alleles. *Alcoholism: Clinical and Experimental Research*, 16(5), 991-995.

Cook, T. A., Luczak, S. E., Shea, S. H., Ehlers, C. L., Carr, L. G. & Wall, T. L. (2005). Associations of ALDH2 and ADH1B genotypes with response to alcohol in Asian Americans. *Journal of Studies on Alcohol*, 66(2), 196-204.

Boffetta, P. & Hashibe, M. (2006). Alcohol and cancer. *The lancet oncology*, 7(2), 149-156.

World Health Organization. (2018). Global status report on alcohol and health 2018.

In: *Global status report on alcohol and health 2018.*

Bhandage, A. K. (2016). Glutamate and GABA signalling components in the human brain and in immune cells. *Digital Comprehensive Summaries of Uppsala Dissertations from the Faculty of Medicine 1218.* 81 pp.

Boileau, I., Assaad, J. M., Pihl, R. O., Benkelfat, C., Leyton, M., Diksic, M., ... & Dagher, A. (2003). Alcohol promotes dopamine release in the human nucleus accumbens. *Synapse*, 49(4), 226-231.

Cordell, B. & McCarthy, J. (2013). A case study of gut fermentation syndrome (auto-brewery) with Saccharomyces cerevisiae as the causative organism. *International Journal of Clinical Medicine*, 4(07), 309.

國家圖書館出版品預行編目資料

手機、咖啡、情緒的化學效應——一日24小時的化學常識/阮津玫
（Mai Thi Nguyen-Kim）著；呂以榮譯. -- 初版. -- 臺北市：商周出
版：家庭傳媒城邦分公司發行, 2020.05
　　面；　公分. -- (Live & Learn；64)

ISBN 978-986-477-810-2(平裝)

1.化學 2.通俗作品

340　　　　　　　　　　　　　　　　109002666

手機、咖啡、情緒的化學效應——一日 24 小時的化學常識

Komisch, alles chemisch!: Handys, Kaffee, Emotionen – wie man mit Chemie wirklich alles erklären kann

作　　　者／阮津玫Mai Thi Nguyen-Kim
插　　　畫／Claire Lenkova
譯　　　者／呂以榮
責 任 編 輯／余筱嵐

版　　　權／林心紅
行 銷 業 務／王瑜、林秀津、周佑潔
總　編　輯／程鳳儀
總　經　理／彭之琬
發　行　人／何飛鵬
法 律 顧 問／元禾法律事務所　王子文律師
出　　　版／商周出版
　　　　　　台北市 104 民生東路二段 141 號 9 樓
　　　　　　電話：(02) 25007008　傳真：(02)25007759
　　　　　　E-mail：bwp.service@cite.com.tw
　　　　　　Blog：http://bwp25007008.pixnet.net/blog
發　　　行／英屬蓋曼群島商家庭傳媒股份有限公司 城邦分公司
　　　　　　台北市中山區民生東路二段 141 號 2 樓
　　　　　　書虫客服服務專線：02-25007718；25007719
　　　　　　服務時間：週一至週五上午 09:30-12:00；下午 13:30-17:00
　　　　　　24 小時傳真專線：02-25001990；25001991
　　　　　　劃撥帳號：19863813；戶名：書虫股份有限公司
　　　　　　讀者服務信箱：service@readingclub.com.tw
　　　　　　城邦讀書花園：www.cite.com.tw
香港發行所／城邦（香港）出版集團有限公司
　　　　　　香港灣仔駱克道 193 號東超商業中心 1 樓；E-mail：hkcite@biznetvigator.com
　　　　　　電話：(852) 25086231　傳真：(852) 25789337
馬新發行所／城邦（馬新）出版集團 Cite (M) Sdn. Bhd.
　　　　　　41, Jalan Radin Anum, Bandar Baru Sri Petaling, 57000 Kuala Lumpur, Malaysia.
　　　　　　Tel: (603) 90578822 Fax: (603) 90576622 Email: cite@cite.com.my

封 面 設 計／李東記
排　　　版／極翔企業有限公司
印　　　刷／韋懋印刷事業有限公司
總　經　銷／聯合發行股份有限公司
　　　　　　電話：(02)2917-8022　傳真：(02)2911-0053
　　　　　　地址：新北市 231 新店區寶橋路 235 巷 6 弄 6 號 2 樓

■ 2020 年 5 月 28 日初版　　　　　　　　　　　Printed in Taiwan
定價 400 元

Original title: Komisch, alles chemisch!
Author: Dr. Mai Thi Nguyen-Kim (Autor), Claire Lenkova (Illustrator)
Copyright © 2019 by Droemer Verlag. An imprint of Verlagsgruppe Droemer Knaur GmbH & Co. KG, Munich
Illustrations copyright © 2019 by Claire Lenkova
Complex Chinese translation copyright © 2020 by Business Weekly Publications, a division of Cité Publishing Ltd.
All rights reserved.

城邦讀書花園
www.cite.com.tw

廣	告	回	函
北區郵政管理登記證			
北臺字第000791號			
郵資已付，免貼郵票			

104　台北市民生東路二段141號2樓

英屬蓋曼群島商家庭傳媒股份有限公司城邦分公司　收

- -

請沿虛線對摺，謝謝！

書號：BH6064　　　書名：手機、咖啡、情緒的化學效應　編碼：

 商周出版

讀者回函卡

感謝您購買我們出版的書籍！請費心填寫此回函卡，我們將不定期寄上城邦集團最新的出版訊息。

不定期好禮相贈！
立即加入：商周出
Facebook 粉絲團

姓名：＿＿＿＿＿＿＿＿＿＿＿＿＿＿＿＿＿＿＿＿ 性別：□男 □女

生日：西元＿＿＿＿＿＿年＿＿＿＿＿＿月＿＿＿＿＿＿日

地址：＿＿＿＿＿＿＿＿＿＿＿＿＿＿＿＿＿＿＿＿＿＿＿

聯絡電話：＿＿＿＿＿＿＿＿＿＿ 傳真：＿＿＿＿＿＿＿＿＿

E-mail：

學歷：□ 1. 小學 □ 2. 國中 □ 3. 高中 □ 4. 大學 □ 5. 研究所以上

職業：□ 1. 學生 □ 2. 軍公教 □ 3. 服務 □ 4. 金融 □ 5. 製造 □ 6. 資訊

　　　□ 7. 傳播 □ 8. 自由業 □ 9. 農漁牧 □ 10. 家管 □ 11. 退休

　　　□ 12. 其他＿＿＿＿＿＿＿＿＿＿＿＿＿＿＿＿＿＿＿

您從何種方式得知本書消息？

　　　□ 1. 書店 □ 2. 網路 □ 3. 報紙 □ 4. 雜誌 □ 5. 廣播 □ 6. 電視

　　　□ 7. 親友推薦 □ 8. 其他＿＿＿＿＿＿＿＿＿＿＿＿

您通常以何種方式購書？

　　　□ 1. 書店 □ 2. 網路 □ 3. 傳真訂購 □ 4. 郵局劃撥 □ 5. 其他＿＿＿

您喜歡閱讀那些類別的書籍？

　　　□ 1. 財經商業 □ 2. 自然科學 □ 3. 歷史 □ 4. 法律 □ 5. 文學

　　　□ 6. 休閒旅遊 □ 7. 小說 □ 8. 人物傳記 □ 9. 生活、勵志 □ 10. 其他

對我們的建議：＿＿＿＿＿＿＿＿＿＿＿＿＿＿＿＿＿＿＿＿＿

　　　　　　　＿＿＿＿＿＿＿＿＿＿＿＿＿＿＿＿＿＿＿＿＿＿